Drachenspaß

Löse die Aufgaben.

1. 56 : 4 = __________

2. 2 400 : 100 = __________

3. 68 : 4 = __________

4. 121 – 68 = __________

5. 360 : 5 = __________

6. 111 · 3 = __________

7. 4 800 : 60 = __________

8. 221 – 86 = __________

9. 2^6 = __________

10. $2^3 \cdot 3$ = __________

11. (150 – 35) : 5 = __________

12. (100 – 22) : (15 + 24) = __________

13. 71 – 3 · 19 = __________

14. 39 + 11 · 11 = __________

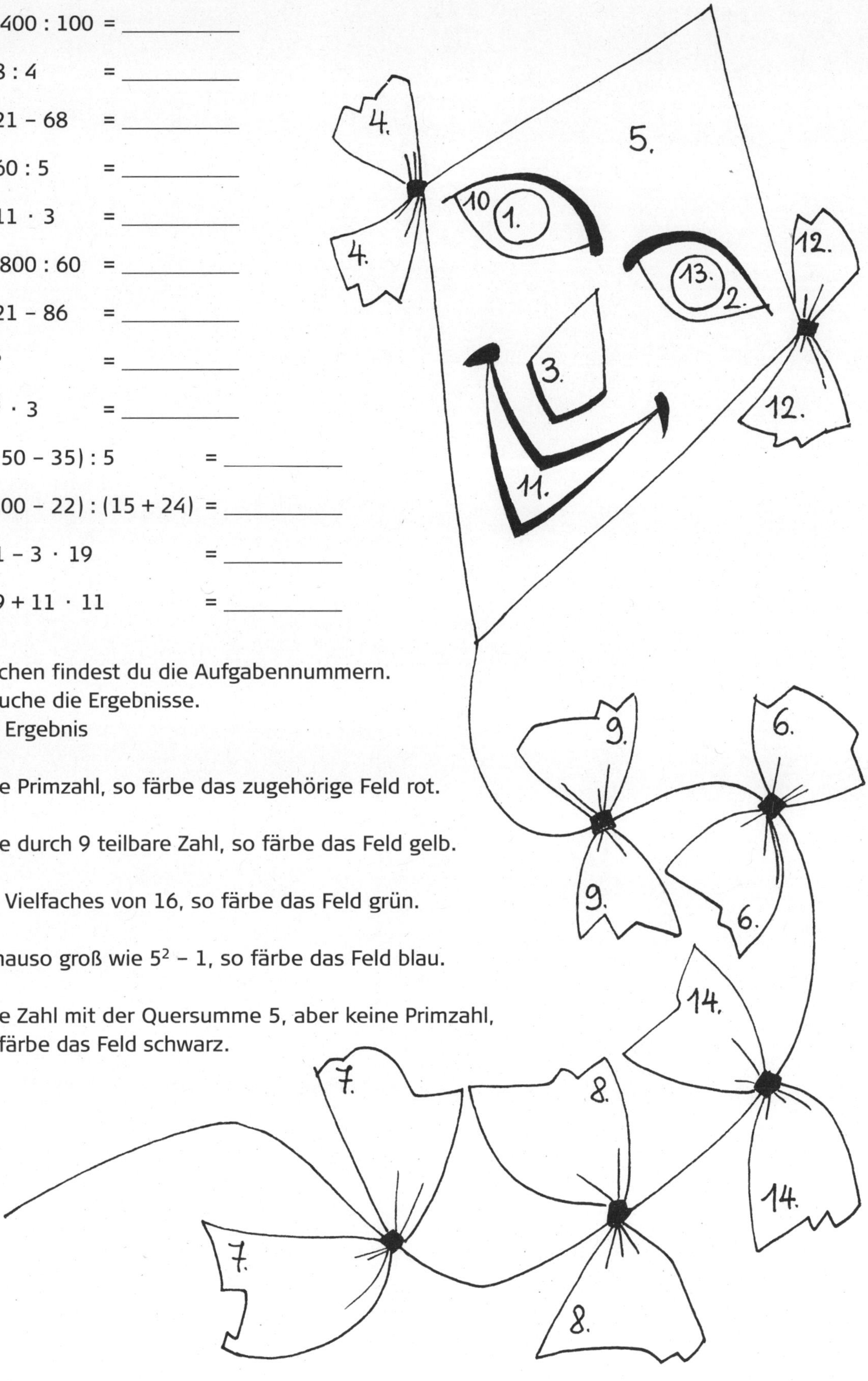

Im Drachen findest du die Aufgabennummern.
Untersuche die Ergebnisse.
Ist das Ergebnis

a) eine Primzahl, so färbe das zugehörige Feld rot.

b) eine durch 9 teilbare Zahl, so färbe das Feld gelb.

c) ein Vielfaches von 16, so färbe das Feld grün.

d) genauso groß wie $5^2 - 1$, so färbe das Feld blau.

e) eine Zahl mit der Quersumme 5, aber keine Primzahl, so färbe das Feld schwarz.

1. Körper – Volumen und Oberfläche

Würfel und Quader – Schrägbild

1. Vervollständige das Schrägbild. Zeichne die verdeckten Kanten gestrichelt.

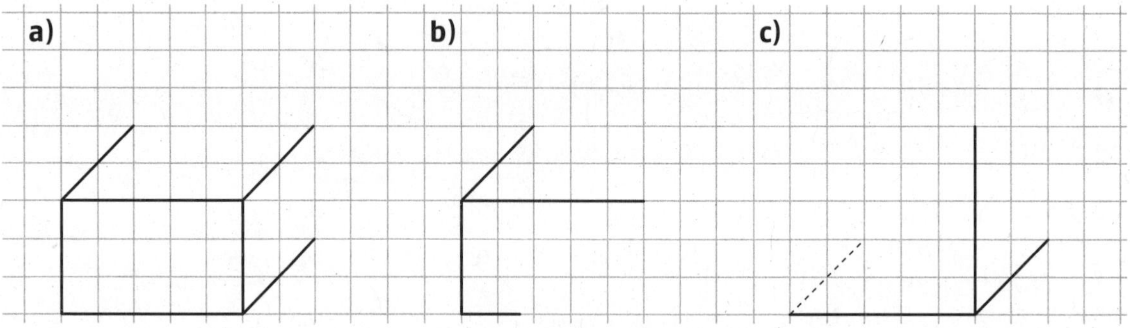

2. Ergänze die angefangenen Abbildungen zu Schrägbildern von Quadern.

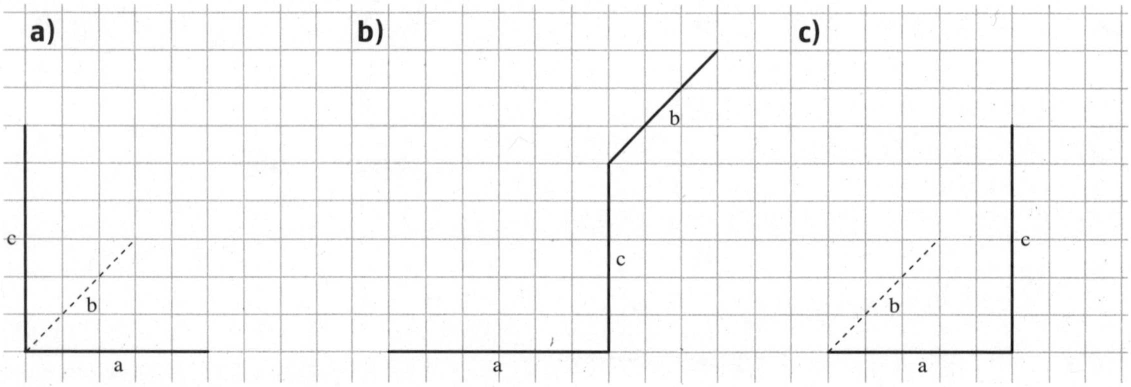

3. Zeichne das Schrägbild des Quaders mit den vorgegebenen Maßen.
Achte auf die nach hinten verlaufenden Kanten.
a = 6 cm
b = 4 cm
c = 5 cm

4. Zeichne ein Netz des Körpers.

a)

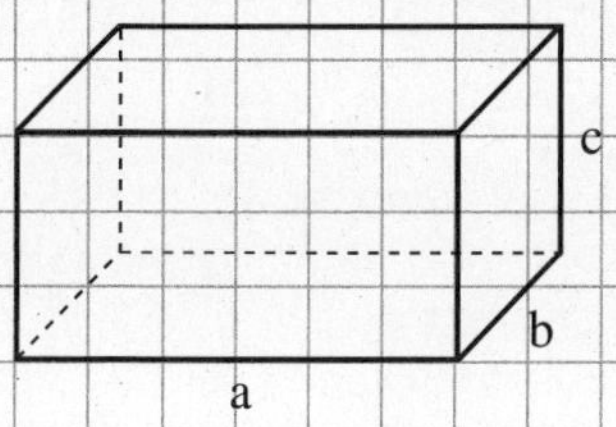

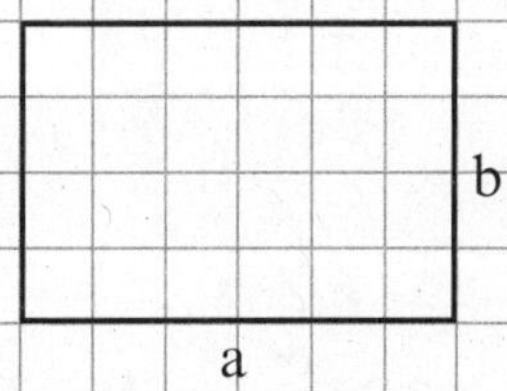

b)

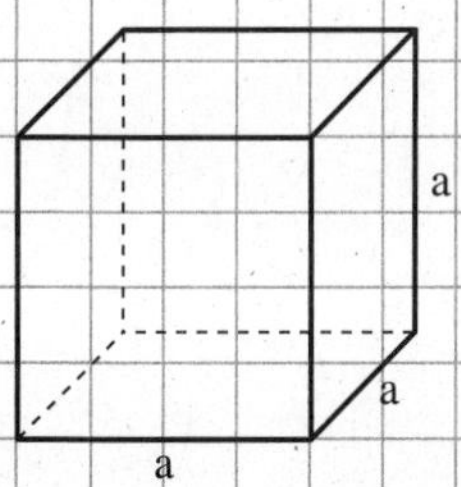

Volumen von Quadern

1. Bestimme durch Auszählen der Würfel das Volumen (den Rauminhalt) der Quader. Ein Würfel entspricht 1 cm^3.

a)

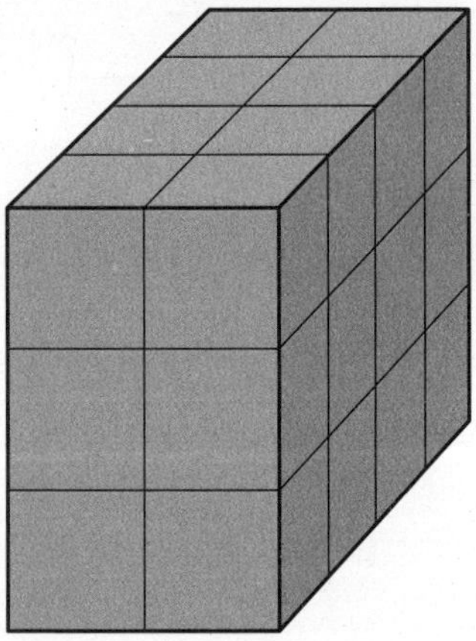

Volumen V = __________ cm^3

b)

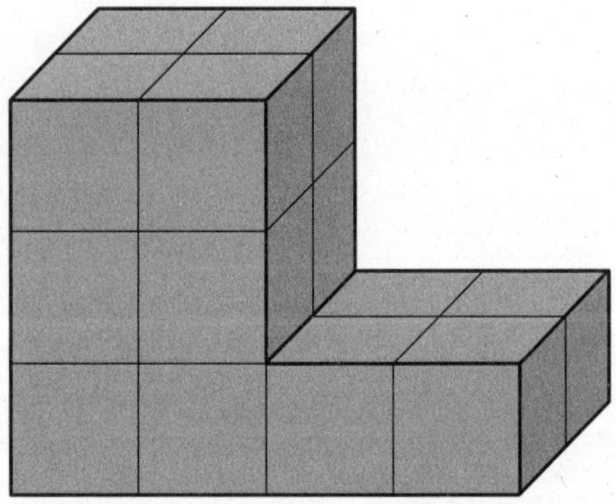

V = __________ cm^3

2. Färbe alle gleichen Volumenangaben mit jeweils einer Farbe.

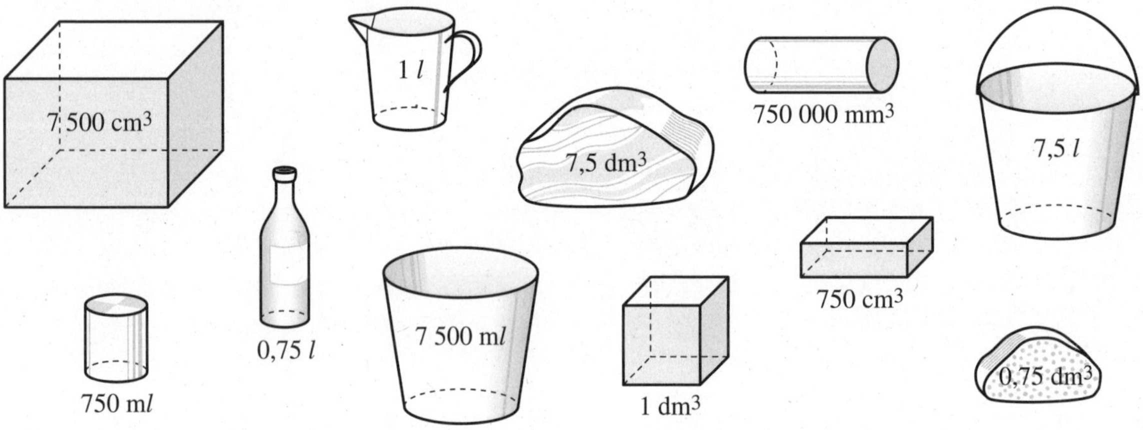

3. Rechne in die angegebene Einheit um.

(1) 70 dm^3 = __________ cm^3

(2) 700 000 mm^3 = __________ cm^3

(3) 0,7 cm^3 = __________ dm^3

(4) 3,7 cm^3 = __________ mm^3

(5) 37 m^3 = __________ dm^3

(6) 3 700 dm^3 = __________ m^3

(7) 28 cm^3 = __________ mm^3

(8) 280 dm^3 = __________ m^3

(9) 0,28 m^3 = __________ dm^3

(10) 1,9 cm^3 = __________ mm^3

(11) 19 dm^3 = __________ cm^3

(12) 1900 mm^3 = __________ cm^3

(13) 650 cm^3 = __________ ml

(14) 65 000 dm^3 = __________ *l*

Lösungen zum Arbeitsheft 6

Drachenspaß

1

1. 14 (schwarz)
2. 24 (blau)
3. 17 (rot)
4. 53 (rot)
5. 72 (gelb)
6. 333 (gelb)
7. 80 (grün)
8. 135 (gelb)
9. 64 (grün)
10. 24 (blau)
11. 23 (rot)
12. 2 (rot)
13. 14 (schwarz)
14. 160 (grün)

a) 2; 17; 23; 53
b) 72; 333; 135
c) 64; 80; 160
d) 24
e) 14

1. Körper – Volumen und Oberfläche

Würfel und Quader – Schrägbild

2

1. –
2. –
3. –

3

4. –

Volumen von Quadern

4

1. **a)** $V = 24\ cm^3$ **b)** $V = 16\ cm^3$

2. $1\ \ell = 1\ dm^3$
$750\ ml = 0{,}75\ \ell = 750\,000\ mm^3 = 750\ cm^3 = 0{,}75\ dm^3$
$7\,500\ cm^3 = 7\,500\ ml = 7{,}5\ dm^3 = 7{,}5\ \ell$

3.
(1) $70\,000\ cm^3$
(2) $700\ cm^3$
(3) $0{,}0007\ dm^3$
(4) $3\,700\ mm^3$
(5) $37\,000\ dm^3$
(6) $3{,}7\ m^3$
(7) $28\,000\ mm^3$
(8) $0{,}28\ m^3$
(9) $280\ dm^3$
(10) $1\,900\ mm^3$
(11) $19\,000\ cm^3$
(12) $1{,}9\ cm^3$
(13) $650\ ml$
(14) $65\,000\ \ell$

5

4. $V = (58 \cdot 90 \cdot 192)\ mm^3 = 1\,002\,240\ mm^3 = 1\,002{,}24\ cm^3 \approx 1\ \ell$
Es könnte eine Trinkverpackung sein.

5. $V_{Stein} = (30 \cdot 20 \cdot 4)\ cm^3 = 2\,400\ cm^3 = 2{,}4\ \ell$
Das Volumen des Steins beträgt $2{,}4\ \ell$.

6. $V = (30 \cdot 30 \cdot 48)\ cm^3 = 43\,200\ cm^3 = 43{,}2\ \ell$
$43{,}2\ \ell$ ist weniger als $50\ \ell$. Robert hat nicht recht.

Oberflächeninhalt von Quadern

6

1. A und 3; B und 1; C und 2

2.

Quader A:	Quader B:
$a = 1\ cm$	$a = 1\ cm$
$b = 2\ cm$	$b = 4\ cm$
$c = 2{,}5\ cm$	$c = 1{,}5\ cm$
$O = 19\ cm^2$	$O = 23\ cm^2$

Berechnungen an zusammengesetzten Körpern

7

1. **a)** $V = 22\ cm^3$ **b)** $V = 10\ cm^3$ **c)** $V = 7\ cm^3$

2. $V = 240\ cm^3 + 15\ cm^3$
$V = 255\ cm^3$

3. **a)** $V = 3\,500\ cm^3$ **b)** $V = 3\,000\ cm^3$

2. Bruchzahlen – Addieren und Subtrahieren

Gewöhnliche Brüche

8 **1. a)** $\frac{3}{8}$ **b)** $\frac{4}{8} = \frac{1}{2}$ **c)** $\frac{8}{12} = \frac{2}{3}$

2. a) gefärbt: 6 Tortenstücke
b) gefärbt: 10 Karos
c) gefärbt: 4 Dreiecke

3. a) 4 Kästchen dazu **b)** 2 Dreiecke dazu **c)** 9 Quadrate dazu

4. a) 6 cm **b)** 7 cm **c)** 10 cm **d)** 7,5 cm

Gleichwertige Brüche – Erweitern und Kürzen

9 **1. a)** $\frac{1}{4} = \frac{2}{8} = \frac{3}{12}$ **b)** $\frac{1}{3} = \frac{2}{6} = \frac{3}{9}$ **c)** $\frac{7}{16} = \frac{14}{32} = \frac{21}{48}$

2.

Erweitere mit	2	3	4	5	6	10
$\frac{3}{7}$	$\frac{6}{14}$	$\frac{9}{21}$	$\frac{12}{28}$	$\frac{15}{35}$	$\frac{18}{42}$	$\frac{30}{70}$
$\frac{5}{9}$	$\frac{10}{18}$	$\frac{15}{27}$	$\frac{20}{36}$	$\frac{25}{45}$	$\frac{30}{54}$	$\frac{50}{90}$
$\frac{7}{12}$	$\frac{14}{24}$	$\frac{21}{36}$	$\frac{28}{48}$	$\frac{35}{60}$	$\frac{42}{72}$	$\frac{70}{120}$
$\frac{6}{15}$	$\frac{12}{30}$	$\frac{18}{45}$	$\frac{24}{60}$	$\frac{30}{75}$	$\frac{36}{90}$	$\frac{60}{150}$

3. a) $\frac{40}{32}$ **b)** $\frac{24}{44}$ **c)** $\frac{28}{48}$ **d)** $\frac{95}{15}$ **e)** $\frac{60}{72}$ **f)** $\frac{96}{126}$ **g)** $\frac{56}{144}$ **h)** $\frac{180}{100}$

4. a) $\frac{5}{4}$ **b)** $\frac{8}{7}$ **c)** $\frac{6}{9}$ **d)** $\frac{7}{3}$ **e)** $\frac{5}{6}$ **f)** $\frac{2}{5}$ **g)** $\frac{20}{31}$ **h)** $\frac{7}{4}$

5. a) $\frac{35}{100}$ **b)** $\frac{6}{10}$ **c)** $\frac{275}{100}$ **d)** $\frac{16}{10}$ **e)** $\frac{3}{4} = \frac{75}{100}$ **f)** $\frac{9}{2} = \frac{45}{10}$

Gemeinsame Teiler

10 **1. a)** $T_{12} = \{1; 2; 3; 4; 6; 12\}$ $T_{18} = \{1; 2; 3; 6; 9; 18\}$
b) 1; 2; 3; 6 **c)** 6

10 **2. a)**

Teiler von 16	Teiler von 36?
16	nein
8	nein
4	ja
2	ja
1	ja

ggT(16; 36) = 4

b)

Teiler von 25	Teiler von 105?
25	nein
5	ja
1	ja

ggT(25; 105) = 5

3. a) $T_9 = \{1; 3; 9\}$; $T_{39} = \{1; 3; 13; 39\}$; ggT(9; 39) = 3
b) $T_{51} = \{1; 3; 17; 51\}$); $T_{68} = \{1; 2; 4; 17; 34; 68\}$; ggT(51; 68) = 17

4. a) $T_{14} = \{1; 2; 7; 14\}$ ggT(14; 42) = 14
b) $T_{24} = \{1; 2; 3; 4; 6; 8; 12; 24\}$ ggT(24; 60) = 12
c) $T_{26} = \{1; 2; 13; 26\}$ ggT(26; 91) = 13

Anteile von beliebigen Größen

11 **1. a)** 5 Fußbälle
b) 6 Rennautos
c) 15 Minuten **d)** 25 Minuten **e)** 18 Minuten

2. a)

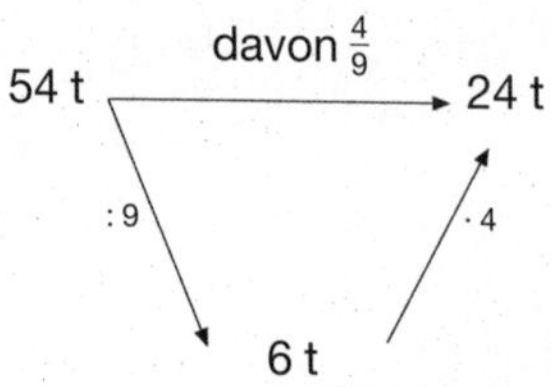

b)

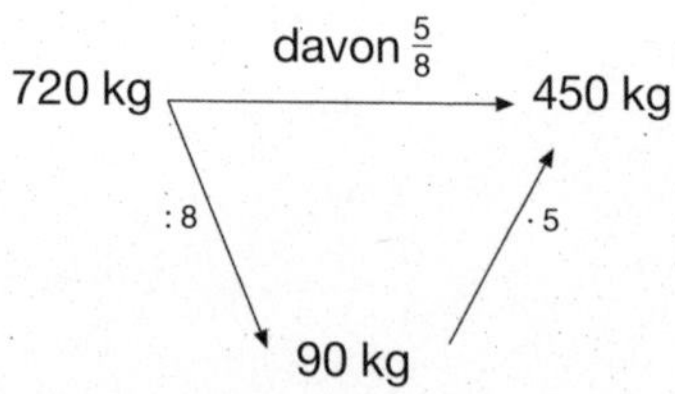

3. a) 25 kg **c)** 7 ℓ **e)** 30 g **g)** 75 km
b) 6 t **d)** 45 € **f)** 30 m **h)** 77 t

4. a) $\frac{1}{3}$ **b)** $\frac{2}{3}$

5. a)

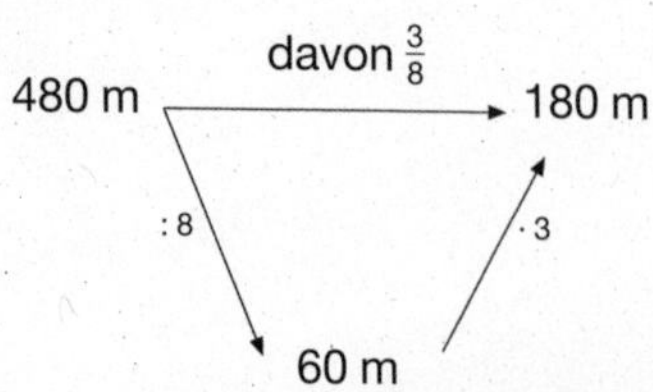

b)

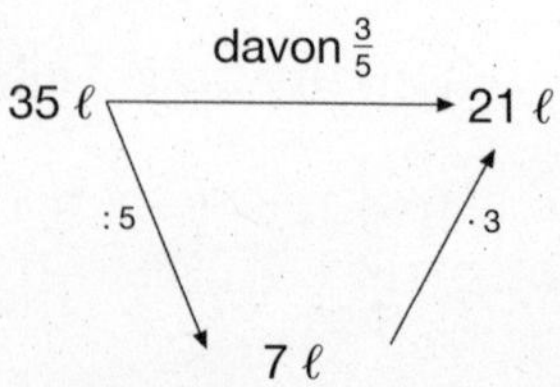

12 **6. a)** $\frac{1}{3}$ **c)** $\frac{2}{3}$ **e)** $\frac{2}{5}$
b) $\frac{1}{5}$ **d)** $\frac{1}{3}$ **f)** $\frac{11}{12}$

12 **7.** 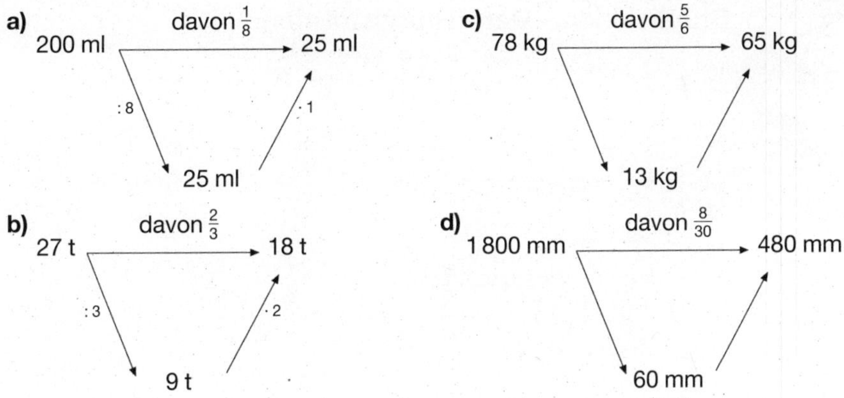

8. a) 108 ha **b)** 120 m^2 **c)** 56 mm **d)** 132 g **e)** 600 s **f)** $22\frac{1}{2}$ min **g)** 108 m^3 **h)** 72 cm

9. 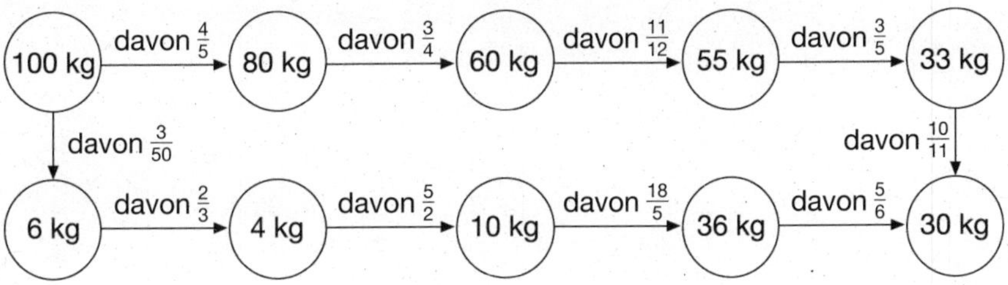

10. a) 4 € **b)** 20 Schülern **c)** $\frac{1}{5}$ **d)** 75 € **e)** 34 ℓ **f)** $\frac{3}{100}$

Prozent

13 **1. a)** 45 % = $\frac{9}{20}$ **b)** 40 % = $\frac{2}{5}$ **c)** 75 % = $\frac{3}{4}$

2. a) 15 % = $\frac{3}{20}$ **b)** 75 % = $\frac{3}{4}$ **c)** 25 % = $\frac{1}{4}$

3.

Prozentangabe	10 %	50 %	25 %	75 %	70 %	5 %	100 %
Bruch	$\frac{1}{10}$	$\frac{1}{2}$	$\frac{1}{4}$	$\frac{3}{4}$	$\frac{7}{10}$	$\frac{1}{20}$	1

4. a) 50 % **b)** 25 % **c)** 75 % **d)** 10 %

5. Sven hat nur ca. $\frac{1}{4}$ (25 %) der Stimmen aller Schüler erhalten.
Der Aushang ist falsch.

Bruchzahlen – Darstellungsformen

14 **1.** (1) (2) (3)

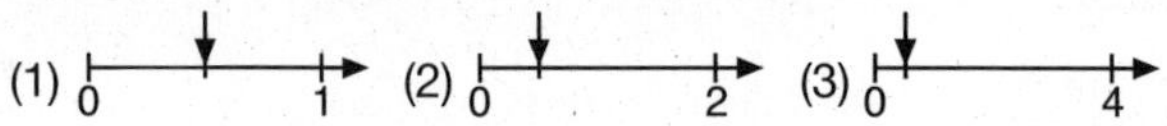

2.

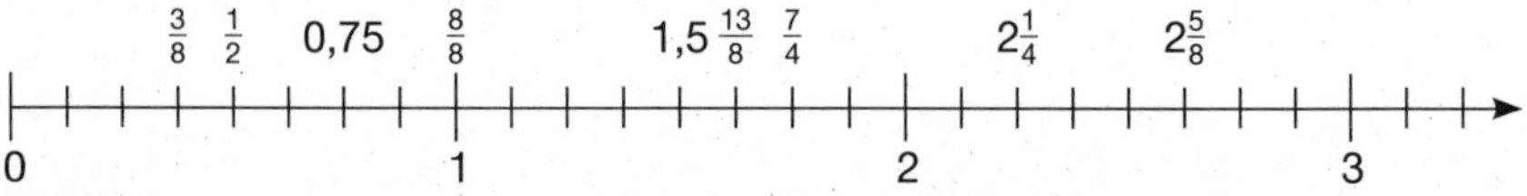

3. Kreise von links nach rechts:
$\frac{3}{12} = \frac{1}{4}$; $\frac{5}{12}$; $\frac{8}{12} = \frac{2}{3}$; $\frac{10}{12} = \frac{5}{6}$; $1\frac{4}{12} = \frac{16}{12} = \frac{4}{3}$; $1\frac{7}{12} = \frac{19}{12}$
$1\frac{10}{12} = \frac{22}{12} = \frac{11}{6}$; $2\frac{1}{12} = \frac{25}{12}$; $2\frac{3}{12} = \frac{27}{12} = \frac{9}{4}$; $2\frac{7}{12} = \frac{31}{12}$; $2\frac{10}{12} = \frac{34}{12} = \frac{17}{6}$

4. Kreise von links nach rechts: $\frac{2}{8} = \frac{1}{4} = \frac{3}{12} = 0{,}25$; $\frac{2}{3} = \frac{8}{12} = \frac{4}{6}$; $\frac{9}{12}$; $\frac{15}{12} = 1\frac{1}{4}$; $1\frac{1}{3} = \frac{12}{9}$; $\frac{10}{6} = \frac{5}{3}$

15 **5.** **a)** 1,3 1,4 1,7 2,1 2,2
b) 3,26 3,38 3,41 3,47 3,55 3,62 3,67
c) 5,33 5,37 5,41 5,45 5,48

6. COMPUTERLAND

7. **a)** 1 = 6. Strich 2 = 12. Strich 3 = 18. Strich …
b) 1 = 7. Strich 2 = 14. Strich 3 = 21. Strich …
c) 1 = 10. Strich 2 = 20. Strich 3 = 30. Strich …
d) 1 = 5. Strich 2 = 10. Strich 3 = 15. Strich …

Gewöhnliche Brüche – Dezimalbrüche

16 **1.** **a)** $\frac{4}{10} = 0{,}4$ **c)** $\frac{15}{10} = 1{,}5$ **e)** $\frac{16}{100} = 0{,}16$
b) $\frac{25}{100} = 0{,}25$ **d)** $\frac{375}{1\,000} = 0{,}375$ **f)** $\frac{38}{10} = 3{,}8$

2. **a)** $\frac{6}{5} = \frac{12}{10} = 1{,}2$ **c)** $\frac{42}{100} = 0{,}42$ **e)** $\frac{13}{20} = \frac{65}{100} = 0{,}65$
b) $\frac{7}{10} = 0{,}7$ **d)** $\frac{4}{25} = \frac{16}{100} = 0{,}16$ **f)** $\frac{31}{10} = 3{,}1$

3.

Bruch	$\frac{1}{2}$	$\frac{3}{4}$	$\frac{3}{5}$	$\frac{3}{50}$	$\frac{8}{25}$	$\frac{3}{25}$	$\frac{7}{10}$	$\frac{5}{4}$	$\frac{9}{200}$
Zehnerbruch	$\frac{5}{10}$	$\frac{75}{100}$	$\frac{6}{10}$	$\frac{6}{100}$	$\frac{32}{100}$	$\frac{12}{100}$	$\frac{7}{10}$	$\frac{125}{100}$	$\frac{45}{1\,000}$
Dezimalbruch	0,5	0,75	0,6	0,06	0,32	0,12	0,7	1,25	0,045

16 **4. a)** $\frac{1}{2} = 0{,}5$
$\frac{1}{4} = 0{,}25$
$\frac{1}{5} = 0{,}2$
$\frac{1}{8} = 0{,}125$
$\frac{1}{10} = 0{,}10$
$\frac{1}{20} = 0{,}05$

b) $1\frac{1}{4} = 1{,}25$
$\frac{1}{50} = 0{,}02$
$2\frac{2}{3} = 2{,}\overline{6}$
$2\frac{6}{25} = 2{,}24$
$1\frac{7}{50} = 1{,}14$
$\frac{28}{20} = 1{,}4$

c) $\frac{17}{10} = 1{,}7$
$\frac{300}{250} = 1{,}2$
$\frac{750}{500} = 1{,}5$
$\frac{500}{200} = 2{,}5$
$\frac{35}{20} = 1{,}75$
$\frac{720}{400} = 1{,}8$

Vergleichen und Ordnen von Bruchzahlen

17 **1. a)**

$\frac{5}{12}$	$\frac{3}{12}$	$\frac{5}{4}$	$\frac{7}{12}$	$\frac{12}{6}$	$\frac{11}{12}$	$1\frac{1}{2}$	$1\frac{3}{4}$
A	N	T	I	L	O	P	E

b) $\frac{5}{12} < \frac{5}{4}$; $\frac{5}{4} > \frac{11}{12}$; $\frac{7}{12} < \frac{5}{4}$; $\frac{5}{4} < 1\frac{1}{2}$; $\frac{5}{4} = \frac{15}{12}$

2. a) $\frac{9}{24}$; $\frac{12}{24}$; $\frac{16}{24}$; $\frac{10}{24}$
$\frac{9}{24} < \frac{10}{24} < \frac{12}{24} < \frac{16}{24}$

b) $\frac{20}{24}$; $\frac{18}{24}$; $\frac{8}{24}$; $\frac{34}{24}$
$\frac{8}{24} < \frac{18}{24} < \frac{20}{24} < \frac{34}{24}$

3. a) $\frac{1}{5} < \frac{3}{10}$ **b)** $\frac{8}{12} = \frac{2}{3}$ **c)** $\frac{3}{4} > \frac{7}{10}$ **d)** $\frac{3}{5} > \frac{4}{7}$

4. a) z. B. $\frac{3}{4}$ **b)** z. B. $\frac{11}{12}$ **c)** z. B. $\frac{5}{8}$ **d)** z. B. $\frac{8}{15}$

5. a) $8{,}34 > 7{,}83 > 7{,}38 > 4{,}83 > 3{,}48 > 0{,}84 > 0{,}77 > 0{,}67$
b) $0{,}11 < \frac{1}{8} < 0{,}33 < \frac{1}{3} < \frac{5}{4} < 1\frac{5}{8} < \frac{30}{15} < \frac{6}{2} < 3{,}14$

18 **6. a)** 2,3 2,4 2,7 3,1 3,2
b) 8,26 8,38 8,41 8,47 8,55 8,62 8,67

7. Lösungswort: KAKADU

8. a) $0{,}3 < 0{,}333 < \frac{1}{3}$
b) $\frac{1}{4} < 0{,}3 < \frac{2}{5}$
c) $2{,}56 < 2{,}6 < 2\frac{2}{3}$
d) $0{,}4 < \frac{4}{9} < 0{,}5$

9. a) z. B. 0,51; 0,52; 0,53
b) z. B. 0,291; 0,292; 0,293
c) z. B. 5,01; 5,02; 5,03
d) z. B. 3,331; 3,3315; 3,332

10. $\frac{2}{5}$ kg $>$ 0,378 kg $>$ $\frac{1}{4}$ kg $>$ $25\frac{1}{2}$ g $>$ 23,4 g $>$ 937 mg $>$ $\frac{7}{8}$ g

Gemeinsame Vielfache

19

1. a)

Vielfache von	
8	12
8	12
16	24
24	36
32	48
40	60
48	72
56	84
64	96

kgV(8; 12) = 24

b)

Vielfache von	
16	20
16	20
32	40
48	60
64	80
80	100
96	120
112	140
128	160

kgV(16; 20) = 80

c)

Vielfache von		
3	5	6
3	5	6
6	10	12
9	15	18
12	20	24
15	25	30
18	30	36
21	35	42
24	40	48
27	45	54

kgV(3; 5; 6) = 30

2. a) kgV(5; 7) = 35
b) kgV(23; 46) = 46
c) kgV(30; 45; 90) = 90
d) kgV (45; 30; 18) = 90

Addieren und Subtrahieren von gewöhnlichen Brüchen

20

1. a)

+	$\frac{1}{2}$	$\frac{1}{3}$	$\frac{1}{5}$	$\frac{1}{4}$
$\frac{1}{2}$	1	$\frac{5}{6}$	$\frac{7}{10}$	$\frac{3}{4}$
$\frac{4}{5}$	$1\frac{3}{10}$	$1\frac{2}{15}$	1	$1\frac{1}{20}$

b)

−	$\frac{1}{2}$	$\frac{1}{4}$	$\frac{5}{8}$	$\frac{3}{5}$
$\frac{5}{4}$	$\frac{3}{4}$	1	$\frac{5}{8}$	$\frac{13}{20}$
$\frac{7}{3}$	$1\frac{5}{6}$	$2\frac{1}{12}$	$1\frac{17}{24}$	$1\frac{11}{15}$

2. a)

$\frac{1}{4}$	$\frac{7}{24}$	$\frac{11}{24}$
$\frac{13}{24}$	$\frac{1}{3}$	$\frac{1}{8}$
$\frac{5}{24}$	$\frac{9}{24} = \frac{3}{8}$	$\frac{10}{24} = \frac{5}{12}$

b)

$\frac{8}{18} = \frac{4}{9}$	$\frac{7}{18}$	$\frac{1}{6}$
$\frac{1}{18}$	$\frac{1}{3}$	$\frac{11}{18}$
$\frac{9}{18} = \frac{1}{2}$	$\frac{5}{18}$	$\frac{2}{9}$

c)

$\frac{2}{15}$	$\frac{9}{15}$	$\frac{4}{15}$
$\frac{7}{15}$	$\frac{1}{3}$	$\frac{1}{5}$
$\frac{2}{5}$	$\frac{1}{15}$	$\frac{8}{15}$

3. a) $+\frac{3}{4}$

$2\frac{1}{4}$ → 3
$2\frac{1}{8}$ → $2\frac{7}{8}$
$3\frac{3}{4}$ → $4\frac{1}{2}$

b) $-\frac{1}{3}$

$3\frac{2}{3}$ → $3\frac{1}{3}$
$2\frac{1}{2}$ → $2\frac{1}{6}$
$1\frac{2}{9}$ → $\frac{8}{9}$

4. a) □ = $1\frac{1}{2}$

△ = 4 oder △ = 5
⧄ = 1 ⧄ = 2
○ = $\frac{1}{2}$ ○ = $1\frac{1}{2}$

b) ○ = 0
□ = $\frac{1}{2}$
△ = $\frac{1}{4}$

Addieren und Subtrahieren von Dezimalbrüchen

21

1. a)

				22,1				
			13,3		8,8			
		7,8		5,5		3,3		
	4,2		3,6		1,9		1,4	
1,5		2,7		0,9		1		0,4

b)

19,25		12,73		8,39		4,91		1,67
	6,52		4,34		3,48		3,24	
		2,18		0,86		0,24		
			1,32		0,62			
				0,70				

2. a)

1. Summand	8,5	13,4	1,8	$\frac{1}{2}$
2. Summand	4,4	2,6	17	7,9
3. Summand	7,1	4	1,2	11,6
Summe	20	20	20	20

b)

x	1,8	0,9	2,75	5,1	11,9
y	1,4	0,25	0,75	1,9	2,5
x + y	3,2	1,15	3,5	7	14,4
x − y	0,4	0,65	2	3,2	9,4

3. a)

0,8	0,3	0,4
0,1	0,5	0,9
0,6	0,7	0,2

b)

1,8	2,1	0,6
0,3	1,5	2,7
2,4	0,9	1,2

c)

5,2	3,9	10,4
11,7	6,5	1,3
2,6	9,1	7,8

4. a) $\begin{array}{r} 4{,}921 \\ +\ 3{,}762 \\ \hline 8{,}683 \end{array}$ **b)** $\begin{array}{r} 15{,}483 \\ -\ 7{,}635 \\ \hline 7{,}848 \end{array}$ **c)** $\begin{array}{r} 5{,}0765 \\ +\ 0{,}8108 \\ \hline 5{,}8873 \end{array}$ **d)** $\begin{array}{r} 0{,}7860 \\ -\ 0{,}4586 \\ \hline 0{,}3274 \end{array}$

5. a) 45 + 3,72 = 48,72 **c)** 52,3 + 4,17 = 56,47 **e)** 67,48 − 28,8 = 38,68
b) 8,5 + 1,32 = 9,82 **d)** 97,25 − 3,65 = 93,60 **f)** 64,7 − 4,35 = 60,35

Vermischte Übungen

22

1. a) $\frac{1}{3} + \frac{3}{2} + \frac{1}{4}$
$\frac{1}{3} + \frac{3}{2} - \frac{1}{4}$ (Fehler in 1. Auflage: $\frac{19}{12}$ statt $\frac{17}{12}$)
$\frac{3}{2} - \frac{1}{3} - \frac{1}{4}$
$\frac{3}{2} - \frac{1}{3} + \frac{1}{4}$

b) z. B.: $\frac{2}{5} + \frac{1}{2} + \frac{7}{10} = \frac{8}{5}$
$\frac{2}{5} + \frac{1}{2} - \frac{7}{10} = \frac{1}{5}$
$\frac{2}{5} - \frac{1}{2} + \frac{7}{10} = \frac{3}{5}$
$\frac{7}{10} + \frac{1}{2} - \frac{2}{5} = \frac{4}{5}$

2. *waagerecht:*
a 251,9 + 123,4 = 375,3
b 63,71 − 6,45 = 57,26
c 3,849 − 0,75 = 3,099
d 56,85 + 9,4 = 66,25

senkrecht:
a 81,48 − 46,12 = 35,36
e 4,256 + 3,45 = 7,706
f 10,582 − 5,29 = 5,292
g 94,4 + 275,1 = 369,5

3. a) $5{,}7 \xrightarrow{-1{,}5} 4{,}2 \xrightarrow{+9{,}8} 14$
b) $7{,}9 \xrightarrow{+4{,}5} 12{,}4 \xrightarrow{-0{,}8} 11{,}6$
c) $25{,}7 \xrightarrow{-5{,}9} 19{,}8 \xrightarrow{+11{,}2} 31$
d) $3{,}7 \xrightarrow{+0{,}8} 4{,}5 \xrightarrow{-3{,}9} 0{,}6$

4. 1,5; 5,7; 8,2; 9,7; 9,45; 9,5; 6,8

3. Kreis – Winkel – Drehung

Kreise

23 **1.** –

2. a) $r_1 = 1{,}0$ cm $d_1 = 2{,}0$ cm
$r_2 = 1{,}5$ cm $d_2 = 3{,}0$ cm
$r_3 = 2{,}0$ cm $d_3 = 4{,}0$ cm

b) –

3. –

Winkel – Messen und Zeichnen

24 **1.** spitze Winkel: (1), (4), (8), (9) kleinster: (8)
rechte Winkel: (3), (7), (10) größter: (6)
stumpfe Winkel: (2), (5), (6)

2.

spitze Winkel	70°; 56°; 45°; 12°; 78°; 89°
rechte Winkel	90°
stumpfe Winkel	95°; 170°; 125°; 162°; 176°
überstumpfe Winkel	230°; 191°

3.

	a)	**b)**	**c)**
spitze Winkel	β; γ	β	α; γ; δ
rechte Winkel	–	α; δ	–
stumpfe Winkel	α	γ	–
überstumpfe Winkel	–	–	β

25 **4.** geschätzt: $\alpha = 60°$ $\beta = 45°$ $\gamma = 80°$
gemessen: $\alpha = 58°$ $\beta = 43°$ $\gamma = 76°$

5. α ist der überstumpfe Winkel.
$\beta = 85°$ $\alpha = 236°$ $\gamma = 35°$

6. a) $\alpha = 120°$; $\beta = 35°$; $\gamma = 25°$
b) $\alpha = 82°$; $\beta = 65°$; $\gamma = 78°$; $\delta = 135°$

26 **7.** –

8.

Winkel	1	2	3	4	5	6	7	8	9
Winkelgröße	108°	108°	108°	108°	48°	43°	69°	71°	90°

Punktspiegelung – Punktsymmetrie

27 **1.** –

2. –

3.

	a)	b)	c)
punktsymmetrisch	ja	ja	ja
achsensymmetrisch	nein	ja	nein

Drehung

28 **1.** –

2.

	Bildpunkt bei der Drehung um			
Originalpunkt	90°	135°	225°	315°
A	G	J	P	V
E	K	N	T	B
L	R	U	C	I
P	V	A	G	M
T	B	E	K	Q
U	C	F	L	R
X	F	I	O	U
Z	Z	Z	Z	Z

3. –

4. Bruchzahlen – Multiplizieren und Dividieren

Vervielfachen und Teilen von gewöhnlichen Brüchen

29 **1. a)** $\frac{14}{3}$ **b)** $\frac{36}{5}$ **c)** 11 **d)** 8 **e)** $\frac{3}{4}$ **f)** $\frac{5}{4}$

2. a) $\frac{21}{8}\,\ell = 2\frac{5}{8}\,\ell$ **c)** $\frac{24}{5}\,\text{m} = 4\frac{4}{5}\,\text{m}$ **e)** $\frac{28}{10}\,\ell = 2\frac{4}{5}\,\ell$

b) $\frac{15}{4}\,\text{kg} = 3\frac{3}{4}\,\text{kg}$ **d)** $\frac{105}{8}\,\text{kg} = 13\frac{1}{8}\,\text{kg}$ **f)** $\frac{18}{3}\,\text{m} = 6\,\text{m}$

3. a) $\frac{4}{15}$ **b)** $\frac{7}{54}$ **c)** 5 **d)** 7 **e)** $\frac{9}{10}$ **f)** $\frac{2}{3}$

4. a) $\frac{1}{20}$ m **b)** $\frac{5}{18}$ kg **c)** $\frac{3}{40}$ t **d)** $\frac{1}{7}\,\ell$ **e)** $\frac{2}{21}$ m **f)** $\frac{1}{12}$ kg

29 5.

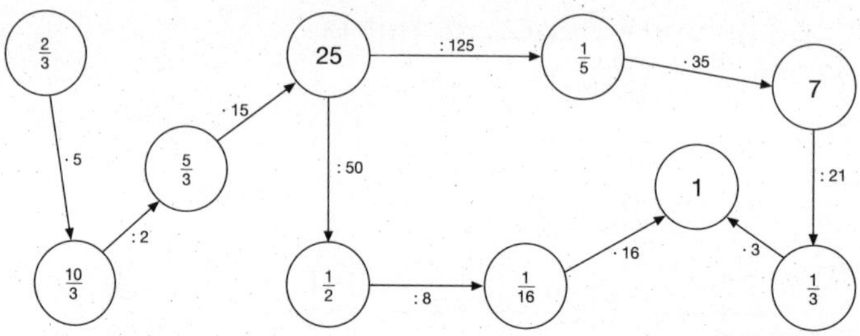

6. $\frac{8}{12} + \frac{4}{12} = \frac{12}{12} = 1$

Multiplizieren und Dividieren von gewöhnlichen Brüchen

30 1. a) $\frac{4}{15}$ c) $\frac{3}{7}$ e) 1 g) $\frac{19}{10}$ i) $\frac{56}{81}$

b) $\frac{13}{60}$ d) $\frac{8}{9}$ f) $\frac{3}{20}$ h) $\frac{21}{20}$ k) $\frac{4}{3}$

Echte Brüche sind a), b), c), d), f) und i).

2. $\frac{2}{15}$; $\frac{4}{7}$; $\frac{11}{14}$; $\frac{1}{2}$; $\frac{13}{4}$; $\frac{7}{12}$

31 3. a) $\frac{2}{3}$ c) $\frac{15}{7}$ e) $\frac{3}{4}$ g) $\frac{15}{16}$ i) $\frac{2}{9}$ l) $\frac{1}{10}$ n) $\frac{4}{3}$

b) 1 d) 2 f) $\frac{6}{5}$ h) $\frac{3}{2}$ k) $\frac{5}{2}$ m) $\frac{8}{9}$ o) $\frac{7}{6}$

32 4. a)

$\cdot$	$\frac{1}{3}$	$\frac{3}{4}$	$\frac{5}{6}$	$\frac{7}{10}$
$\frac{2}{3}$	$\frac{2}{9}$	$\frac{1}{2}$	$\frac{5}{9}$	$\frac{7}{15}$
$\frac{1}{4}$	$\frac{1}{12}$	$\frac{3}{16}$	$\frac{5}{24}$	$\frac{7}{40}$
$4\frac{3}{5}$	$1\frac{8}{15}$	$3\frac{9}{20}$	$3\frac{5}{6}$	$3\frac{11}{50}$

b)

$:$	$\frac{2}{3}$	$\frac{1}{4}$	$\frac{3}{5}$	$\frac{9}{10}$
$\frac{1}{3}$	$\frac{1}{2}$	$1\frac{1}{3}$	$\frac{5}{9}$	$\frac{10}{27}$
$\frac{3}{4}$	$1\frac{1}{8}$	3	$1\frac{1}{4}$	$\frac{5}{6}$
$3\frac{4}{5}$	$5\frac{7}{10}$	$15\frac{1}{5}$	$6\frac{1}{3}$	$4\frac{2}{9}$

5. a)

$\frac{1}{8}$			
$\frac{1}{6}$	$\frac{3}{4}$		
$\frac{1}{3}$	$\frac{1}{2}$	$\frac{3}{2}$	
$\frac{1}{2}$	$\frac{2}{3}$	$\frac{3}{4}$	2

b)

$\frac{64}{27}$			
$\frac{8}{3}$	$\frac{9}{8}$		
2	$\frac{3}{4}$	$\frac{2}{3}$	
$\frac{1}{2}$	$\frac{1}{4}$	$\frac{1}{3}$	$\frac{1}{2}$

6. a) $\frac{3}{2}$ c) $\frac{2}{5}$ e) $\frac{7}{3} \cdot \frac{7}{8}$

b) $\frac{4}{5}$ d) $\frac{2}{9}$ f) $\frac{4}{9} \cdot \frac{8}{5}$

32 **7. a)**

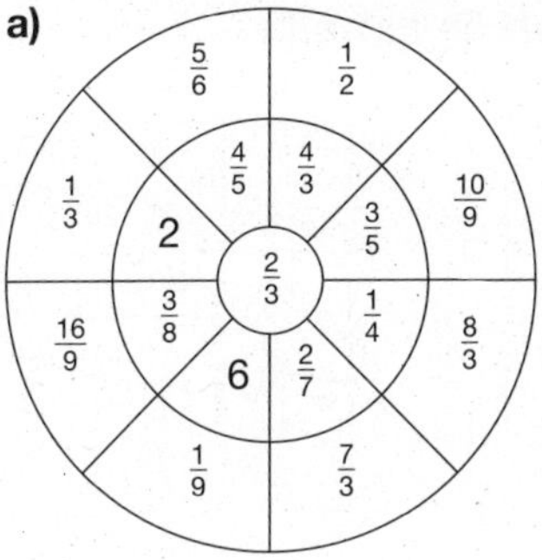

b)

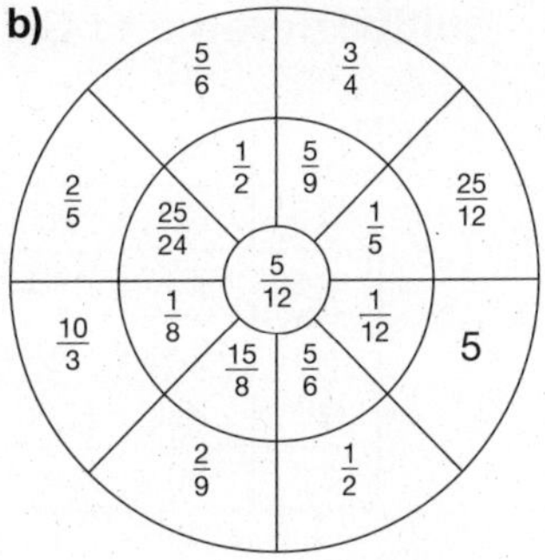

Vervielfachen und Teilen von Dezimalbrüchen

33 **1.**

a	a · 10	a · 100	a · 1000	a : 10	a : 100
1,052	10,52	105,2	1052	0,1052	0,01052
12,8	128	1280	12800	1,28	0,128
0,18	1,8	18	180	0,018	0,0018
36,84	368,4	3684	36840	3,684	0,3684
3,03	30,3	303	3030	0,303	0,0303

2. **a)** 36 ℓ **b)** 2,97 ℓ **c)** 0,5 ℓ **d)** 0,25 ℓ **e)** 225 ℓ **f)** 0,05 ℓ

3.

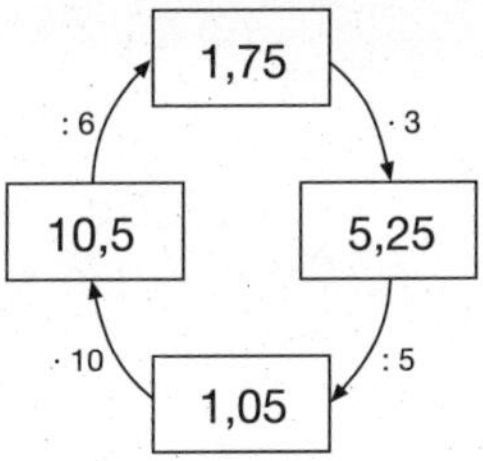

b)

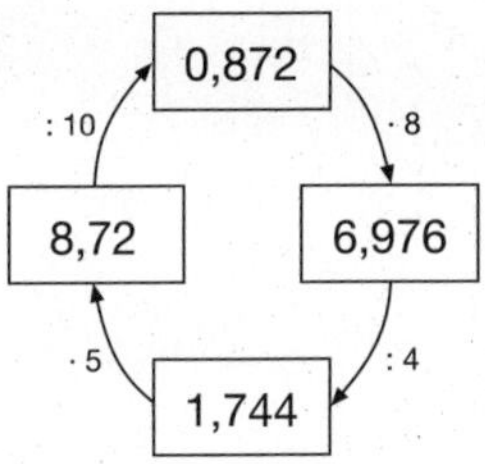

c)

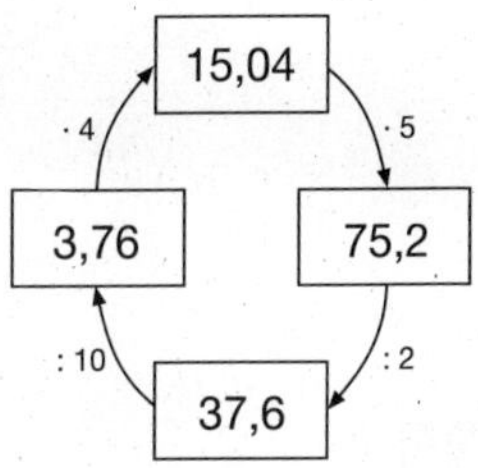

4. $5 \cdot 1{,}8 = 1{,}5 \cdot 6$ $\quad 25 \cdot 0{,}5 = 37{,}5 : 3$

$0{,}2 \cdot 30 = 0{,}15 \cdot 40$ $\quad 0{,}9 \cdot 15 = 6 \cdot 2{,}25$

$7 : 5 = 0{,}35 \cdot 4$ $\quad 8{,}4 : 4 = 3 \cdot 0{,}7$

5. **a)** 8,8; 52,8; 13,2; 264 **b)** 14,1; 2,35; 9,4; 1,175

Multiplizieren und Dividieren von Dezimalbrüchen

34 **1. a)**

·	10	100	0,1	0,04
0,9	9	90	0,09	0,036
1,6	16	160	0,16	0,064
0,04	0,4	4	0,004	0,0016
15	150	1 500	1,5	0,6
3,0	30	300	0,3	0,12

b)

·	10	0,5	0,08
0,5	5	0,25	0,04
30	300	15	2,4
1,2	12	0,6	0,096
4	40	2	0,32
2	20	1	0,16

2. a)

0,06	4	0,24
5	0,8	4
0,3	3,2	0,96

b)

4	0,4	1,6
0,2	1	0,2
0,8	0,4	0,32

c)

9	0,5	4,5
3	0,1	0,3
27	0,05	1,35

d)

0,7	2	1,4
3	0,2	0,6
2,1	0,4	0,84

3. a) Ü: 16 : 2 = 8
16,08 : 2,4 = 6,7
b) Ü: 50 : 25 = 2
45,5 : 25 = 1,82
c) Ü: 8 : 0,5 = 16
7,64 : 0,4 = 19,1
d) Ü: 1 : 0,2 = 5
0,78 : 0,2 = 3,9
e) Ü: 0,4 : 1 = 0,4
0,364 : 1,3 = 0,28
f) Ü: 10 : 50 = 0,2
11,76 : 56 = 0,21

4. a)

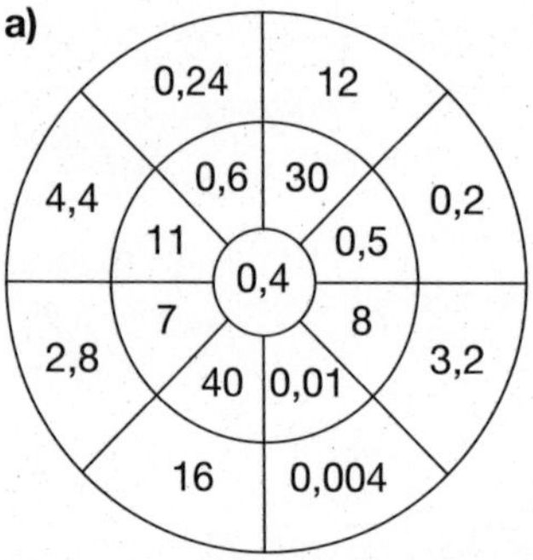

b)

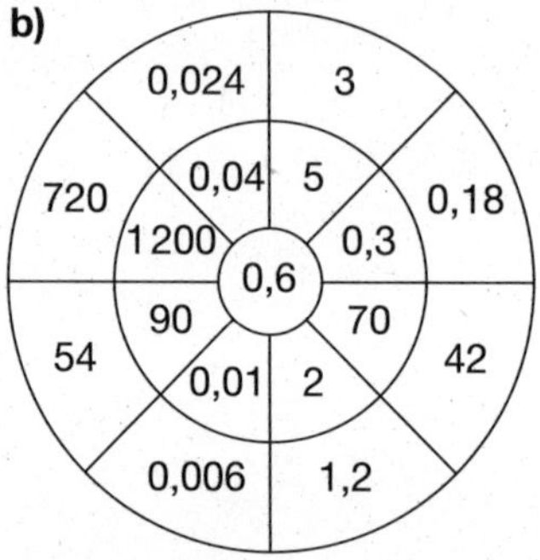

35 **5.** 10; 2,5; 20; 0,2; 0,12; 0,3; 0,54; 0,6; 2; 2,5

6. a)
0,6 —(· 1,5)→ 0,9 —(· 0,2)→ 0,18 —(· 4)→ 0,72 —(· 0,02)→ 0,0144
0,6 —(: 1,5)→ 0,4 —(: 0,2)→ 2 —(: 4)→ 0,5 —(: 0,02)→ 25

b)
4,5 —(: 0,1)→ 0,45 —(: 0,5)→ 0,9 —(: 0,01)→ 90 —(· 0,5)→ 45
4,5 —(· 0,5)→ 2,25 —(: 0,01)→ 225 —(· 0,1)→ 22,5 —(· 0,01)→ 0,225
4,5 —(· 0,01)→ 0,045 —(: 0,1)→ 0,45 —(: 0,5)→ 0,9 —(· 0,1)→ 0,09

7. a) 0,9 **b)** 4 **c)** 0,3 **d)** 1,2 **e)** 4 **f)** 0,1 **g)** 0,2 **h)** 0,9

8. a) 3,5 **b)** 42 **c)** 1,8 **d)** 4,6 **e)** 0,3 **f)** 10,8 **g)** 12,3 **h)** 130
Lösungswort: QUOTIENT

Berechnungen an Rechtecken

36

1. **a)** $A = 96\ cm^2$, $u = 40\ cm$ **b)** $A = 31{,}98\ cm^2$, $u = 29{,}8\ cm$ **c)** $A = 499{,}2\ cm^2$, $u = 318{,}4\ cm$ **d)** $A = 21{,}6\ cm^2$, $u = 20{,}4\ cm$

2.

	a)	b)	c)	d)	e)	f)	g)	h)
Länge	5 cm	11 cm	13 m	11 cm	25 mm	4,5 cm	17 m	6,6 m
Breite	8 cm	7 cm	9 m	11 cm	16 mm	2,0 cm	5 m	5,0 m
Flächeninhalt A	$40\ cm^2$	$77\ cm^2$	$117\ m^2$	$121\ cm^2$	$400\ mm^2$	$9\ cm^2$	$85\ m^2$	$33\ m^2$
Umfang u	26 cm	36 cm	44 m	44 cm	82 mm	13 cm	44 m	23,2 m

3. Wohnzimmer: $A = 20\ m^2$
Essplatz: $A = 6{,}25\ m^2$
Küche: $A \approx 5{,}53\ m^2$
a) Man braucht 128 Platten.
b) Man benötigt ≈ 30 m Leisten.

Berechnungen an Quadern

37

1. $V = 288\ m^3$

2. **a)** $O = 938\ cm^2$ **b)** $O = 19{,}42\ m^2$ **c)** $O = 22{,}96\ cm^2$

3. **a)** z. B.: 3 Quader: die einzelnen Teile 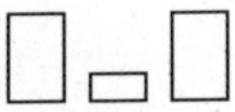

b) z. B.: Volumen des 1. Quaders: $51{,}25\ cm^3$
Volumen des 2. Quaders: $23{,}75\ cm^3$
Volumen des 3. Quaders: $66{,}5\ cm^3$
Volumen des zusammengesetzten Körpers: $141{,}5\ cm^3$

Verbindung mehrerer Rechenoperationen

38 **1. a)**

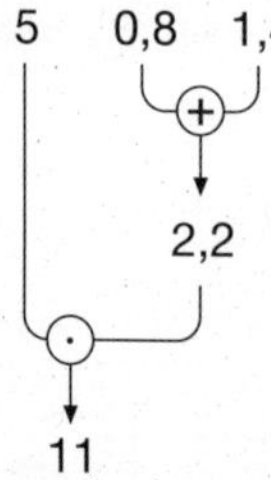

Aufgabe: $5 \cdot (0{,}8 + 1{,}4) = 11$

c)

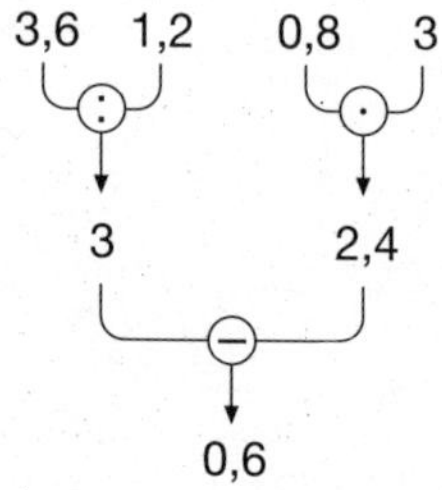

Aufgabe: $(3{,}6 : 1{,}2) - (0{,}8 \cdot 3) = 0{,}6$

1. b)

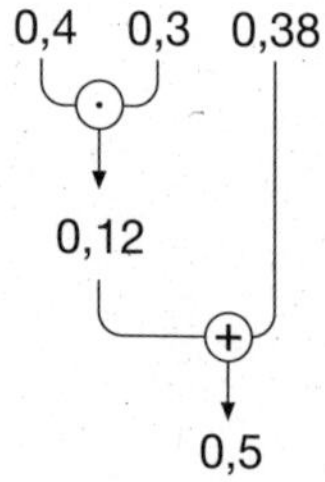

Aufgabe: $0{,}4 \cdot 0{,}3 + 0{,}38 = 0{,}5$

d)

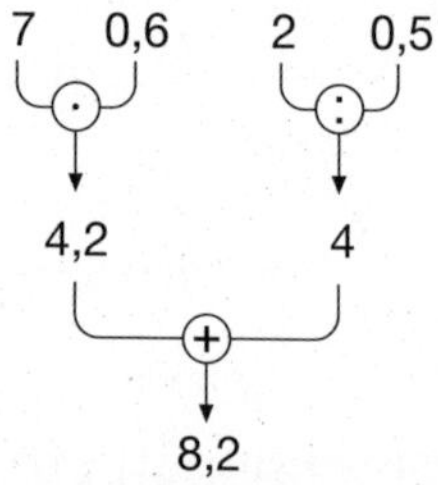

Aufgabe: $7 \cdot 0{,}6 + 2 : 0{,}5 = 8{,}2$

2. a) 6,6 **b)** 5,7 **c)** 14,4 **d)** 7 **e)** $5\frac{1}{5}$ **f)** $3\frac{1}{3}$

3. 14,3; 3; 0,5; 0,1

39 **4.**

x	y	3 · (x − y)	3 · x − y	(x + y) : (x − y)
0,6	0,4	0,6	1,4	5
2,5	1,8	2,1	5,7	≈ 6,1
3,7	1,2	7,5	9,9	1,96
1,25	0,75	1,5	3	4
0,25	0,05	0,6	0,7	1,5
5,28	2,08	9,6	13,76	2,3
1,2	1,2	0	2,4	nicht möglich
0,2	0,1	0,3	0,5	3

5. a) 1 840 **b)** 1 660 **c)** 34 **d)** 16,5 **e)** 16,1 **f)** 6,5 **g)** 6 **h)** 9,5 **i)** 0,3

6. a) $\frac{2}{5}$ **b)** $\frac{5}{14}$ **c)** $\frac{13}{7}$ **d)** $\frac{17}{15}$ **e)** $2\frac{9}{11}$ **f)** $3\frac{4}{9}$

7. a) 1,9 **b)** 6,1 **c)** 6 **d)** 10 **e)** 5,1 **f)** 5

8. a) 2 **b)** 0 **c)** 1,025 **d)** 0,5 **e)** 0,65 **f)** 0,5

Vermischte Übungen

40 **1.**

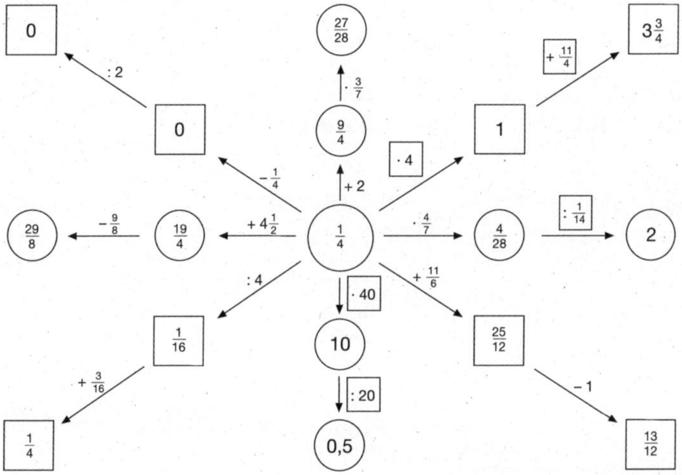

2. **a)** 920 **b)** 830 **c)** 26 **d)** 14,5 **e)** 15,1 **f)** 5,5 **g)** 5 **h)** 7,5 **i)** 0,5

3. 48,60 €

4. **a)** 6,75 **b)** 14,9 **c)** 11,8 **d)** 40,56 **e)** 8,7 **f)** 11,4

Negative Zahlen

41 **1.** **a)** 16°C **b)** −5°C **c)** −3°C **d)** −8°C **e)** 4°C **f)** 0°C

2. **a)** +9°C; −2°C **b)** −15°C; +37°C **c)** +24°C; −30°C

3. **a)** Wiesbaden: +115 m
Skagerrak: −725 m
Krummhörn: −2 m
Davos: +1 561 m

b) Totes Meer (Seespiegel): −396 m
Totes Meer (Grund): −829 m
Chicago: +3 m
K2: +8 607 m

4.

Zeitpunkt	Mittwoch							Donnerstag	
	2 Uhr	6 Uhr	10 Uhr	14 Uhr	18 Uhr	20 Uhr	24 Uhr	4 Uhr	8 Uhr
Temperatur	2°C	0°C	−2°C	−1°C	+4°C	+3°C	+2°C	−2°C	−2°C

42 **5.** **a)** −6; −3; −1; +2; +4; +7
b) −30; −20; −15; −5; +5; +20; +25; +35
c) −350; −250; −200; −50; +50; +150; +250; +300
d) −6,5; −4,2; −2,8; −1,9; −0,7; +0,2; +2,6; +4,8; +6,0

42 **6.** –

7. –

5. Zuordnungen in der Umwelt

43 **1. a)** (1) Multivitaminsaft

Anzahl der Flaschen	Preis (in €)
1	0,80
2	1,60
3	2,40
4	3,20
5	4,00

(2) Apfelsaft

Anzahl der Packungen	Preis (in €)
1	0,49
2	0,98
3	1,47
4	1,96
5	2,45

(3) Mineralwasser

Anzahl der Flaschen	Preis (in €)
1	0,35
2	0,70
3	1,05
4	1,40
5	1,75

b) z. B. 3 Multivitaminsäfte; 3 Apfelsäfte; 6 Wasser

2.

Gewicht (in g)	Porto (in €)
30	0,60
380	0,85
1500	4,10
2800	6,90
740	1,40
4730	6,90
10340	10,90
20670	13,90
bis 500	0,85

44 **3. a)**

€	CHF
10,00	12,36
40,45	50,00
121,35	150,00
150,00	185,41
12,13	15,00
60,00	74,16
40,00	49,44
161,80	200,00

b)

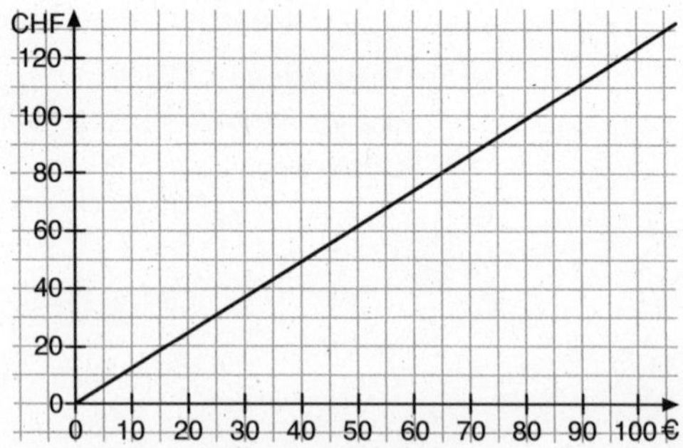

c) Herr Wenzel hat nicht recht. Für 80 € bekommt man 98,88 CHF.

45 **4. a)**

Anzahl der Sträucher	Preis in € (berechnet)
1	9,00
2	18,00
3	27,00
4	28,00
5	35,00
6	42,00
7	49,00
8	56,00
9	63,00

b) Nein, da keine Sträucherteile verkauft werden.

5. a) 8,75 €

b)

Gewicht (in kg)	Preis (in €)
0,5	1,75
1,5	5,25
3,0	10,50
2,0	7,00
1,2	4,20

c) Ja, da die Zwischenwerte existieren.

46 **6.** (1) **a)** Der Benzinverbrauch des Modells Luna steigt, je höher die Geschwindigkeit ist.

b) z. B. Bei einer Geschwindigkeit von 50 $\frac{km}{h}$ verbaucht das Modell 4 ℓ auf 100 km.

c) z. B. Wie schnell fährt das Modell wenn es 6 $\frac{\ell}{100\,km}$ verbraucht? (110 $\frac{km}{h}$)

(2) **a)** Die Schulabgänger in Deutschland von 2000 bis 2010 in alten und in neuen Bundesländern werden verglichen. Die Entwicklung verläuft unterschiedlich: In den alten Bundesländern gibt es nach einem Anstieg bis 2007 einen ebenso starken Rückgang. In den neuen Bundesländern ist der Trend im Wesentlichen fallend.

b) z. B.: 2002 betrug die Zahl der Schulabgänger in Deutschland 693 000 in den alten und 226 000 in den neuen Bundesländern.

c) z. B.: Wann ist die Zahl der Schulabgänger in den alten Bundesländern am höchsten? (2007)

(3) **a)** Die Zahl der Neuzulassungen in Deutschland ist von 2002 bis 2006 angestiegen, danach bis 2008 gefallen. Von 2008 bis 2009 stark angestiegen; dann wieder gefallen.

b) z. B. 2009 war die Zahl der Neuzulassungen mit 3,81 Millionen am höchsten.

c) z. B. Wann war die Zahl der Neuzulassungen am niedrigsten? (2010)

47 7. a)

	Preis (in €)		
Gewicht (in g)	Emmentaler	Camembert	Raclette
200	1,88	2,58	1,30
300	2,82	3,87	1,95
500	4,70	6,45	3,25
700	6,58	9,03	4,55

b) Gewicht → Preis

c) Rechtsachse: Gewicht; Hochachse: Preis (günstige Achseneinteilung: Rechtsachse 100 g ≙ 1 cm; Hochachse 1 € ≙ 1 cm)

d) Daran, dass der Graph am wenigsten steil ist.

8. a) Rechtsachse: Jahr (1 Jahr ≙ 1 cm);
Hochachse: Gesamtleistung (1 Gigawatt ≙ 2 cm)

b) Es gab im gesamten Zeitraum einen Anstieg, der ziemlich gleichmäßig verlief.

c) Von 2000 bis 2002 war die Zunahme der Leistung am größten. Sie war 6,0 Gigawatt groß.

6. Daten und Zufall

Darstellen von Daten

48 **1. a)**

Romane:	33
Abenteuerliteratur:	48
Erzählung:	15
Sachbücher:	26
Sonstige:	5

b) 127

2.

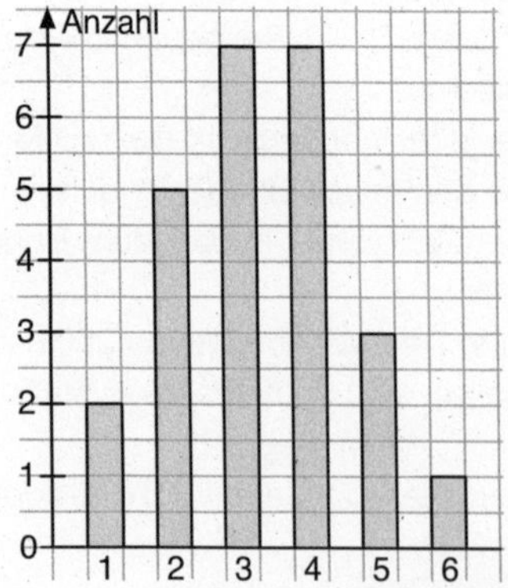

Absolute und relative Häufigkeit

49 **1. a)**

Geschwisteranzahl	0	1	2	mehr als 2
Anzahl der Schüler	卌 I	卌 卌	卌	IIII

b)

Geschwister-anzahl	absolute Häufigkeit	relative Häufigkeit	Winkel
0	6	24 %	86,4°
1	10	40 %	144°
2	5	20 %	72°
mehr als 2	4	16 %	57,6°
Summe	25	100 %	360°

c) Säulenhöhen: 3 cm; 5 cm; 2,5 cm; 2 cm **d)** –

50 **2. a)**

Verkehrsmittel	zu Fuß	Fahrrad	Schulbus	Bahn	Auto
relative Häufigkeit	$\frac{5}{24}$	$\frac{1}{4}$	$\frac{3}{8}$	$\frac{1}{12}$	$\frac{1}{12}$
absolute Häufigkeit	25	30	45	10	10

b) Die relative Häufigkeit gibt den Anteil an der Gesamtzahl an. Die absolute Häufigkeit gibt die Anzahl der Schüler für jedes Verkehrsmittel an.

c) Säulenhöhen: 2,5 cm; 3 cm; 4,5 cm; 1 cm; 1 cm
Winkel: 75°; 90°; 135°; 30°; 30°

Arithmetisches Mittel, Median und Spannweite

1. a) Median (Zentralwert): 1 225,8 m arithmetisches Mittel: ≈ 1 174,6 m

b) Das arithmetische Mittel wird durch die falsche Messung verfälscht. Es wäre besser, diesen Wert wegzulassen. Den Zentralwert beeinflusst die falsche Messung nicht.

c) 1,8 m

51 **2. a)** arithmetisches Mittel: 46,7 Median: 45,5 Spannweite: 73
(Für eine gerade Anzahl von Werten wird für den Median das arithmetische Mittel zwischen den beiden mittleren Werten genommen.)

b)

Anzahl „Sit-ups“	0–20	21–40	41–60	61–80	> 80
absolute Häufigkeit	3	4	7	5	1
relative Häufigkeit	0,15	0,2	0,35	0,25	0,05
Anteil (in %)	15	20	35	25	5

c) –

51 3. a)

Kontinent	Asien	Afrika	Europa	Lateinamerika	Nordamerika	Ozeanien
abgelesene Winkel	217°	54°	38,5°	30,5°	18°	2°
Anteil	60,3 %	15,0 %	10,7 %	8,5 %	5,0 %	0,5 %

b)

Welt	Asien	Afrika	Europa	Lateinamerika	Nordamerika	Ozeanien
7,058 Mrd.	4,256 Mrd.	1,059 Mrd.	0,755 Mrd.	0,6 Mrd.	0,353 Mrd.	0,035 Mrd.

52 4. Durchschnitt: 3,1

5. a) Freiburg: ≈ 9,7°C; ≈ 75 mm
Feldberg: ≈ 3,5°C; ≈ 143 mm

b) Die Durchschnittstemperatur von Freiburg ist um ca. 6 Grad höher als die vom Feldberg.

c) Spannweiten Freiburg: ≈ 20 Grad; ≈ 60 mm
Spannweiten Feldberg: ≈ 15 Grad; ≈ 75 mm

Zufallsexperimente – Häufigkeit und Wahrscheinlichkeit

53 –

Bist du topfit? I

54 1.

A

☐ Das Hochhaus hat eine Höhe von 44,20 m.

☐ Die obersten fünf Stockwerke haben eine Gesamthöhe von 13,80 m.

☒ Das Hochhaus ist 45,00 m hoch.
(16 · 2,60 m + 3,40 m)

☐ Das Hochhaus ist 47,60 m hoch.

☒ Die ersten 10 Stockwerke reichen bis zu einer Höhe von 26,80 m.
(9 · 2,60 m + 3,40 m)

B

☒ Das Computerfachgeschäft beansprucht 40 % der Gesamtverkaufsfläche.
($\frac{2}{5} = \frac{4}{100}$ = 40 %)

☐ Das Computerfachgeschäft hat eine Verkaufsfläche von 60 m².

☐ Die übrigen Geschäfte haben zusammen eine Verkaufsfläche von 120 m².

☒ Das Computerfachgeschäft beansprucht 72 m².
($\frac{2}{5} \cdot 180\ m^2 = 72\ m^2$)

☐ Das Computerfachgeschäft beansprucht eine Verkaufsfläche von 450 m².

Bist du topfit? II

55 **1.** 12

2. 715,17

3. 1 kg

4. 100°

5. $\frac{4}{5}\,\ell = 800\ \text{cm}^3$

6. 30 cm^2

7. die letzte Figur

Bist du topfit? III

56 **1.** gemeinsamer

2. Parallelen

3. Prozent

4. Symmetrieachse

5. Dreieck

6. Bruchstrich

7. senkrecht

8. Diagramm

9. Durchmesser

Lösungswort: GEOMETRIE

Beilage zum Arbeitsheft Mathematik heute Hessen 6

westermann GRUPPE

Zeichnungen: Peter Langner
Druck und Bindung: Westermann Druck GmbH,
Georg-Westermann-Allee 66, 38104 Braunschweig

ISBN 978-3-507-**83153**-L

4. Berechne das Volumen des abgebildeten Behälters.
Um welche Verpackung könnte es sich handeln?

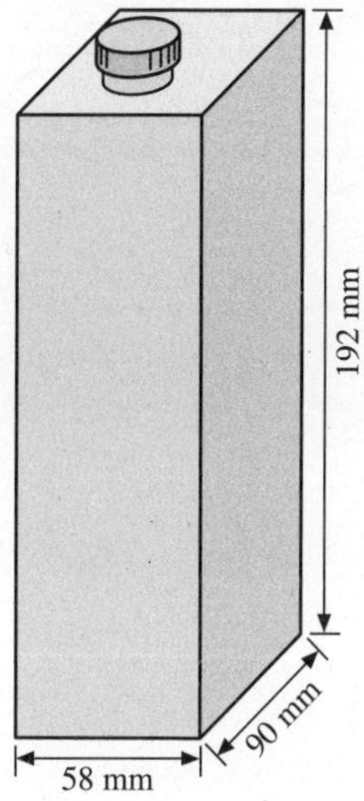

Antwort: ______________________________

5. Der quaderförmige Behälter ist innen 30 cm lang, 20 cm breit und 20 cm hoch. Er ist gut zur Hälfte mit Wasser gefüllt. In das Wasser wird ein flacher Stein gelegt. Dabei steigt der Wasserspiegel um 4 cm.
Wie groß ist das Volumen des Steins?
Gib das Ergebnis in Liter an.

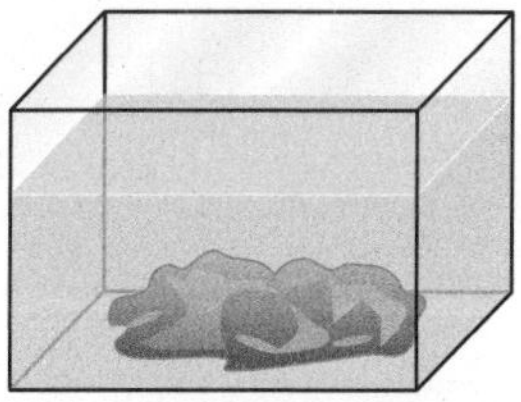

Antwort: ______________________________

6. Robert behauptet, sein selbstgebastelter Papierkorb habe ein Fassungsvermögen von 50 *l*.
Prüfe die Behauptung.

Antwort: ______________________________

____

Oberflächeninhalt von Quadern

1. Ordne den Schrägbildern die entsprechenden Netze zu.

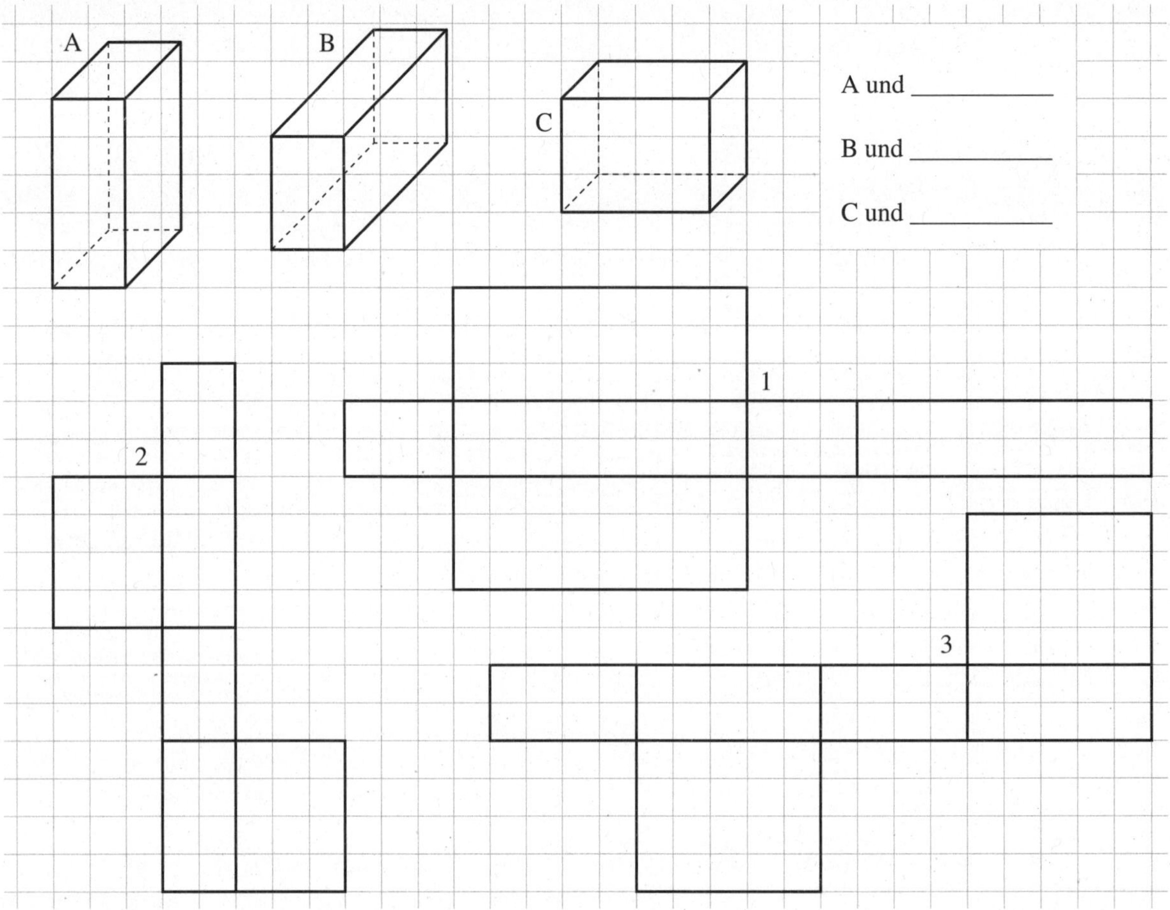

A und ____________

B und ____________

C und ____________

2. Berechne den Oberflächeninhalt der Quader A und B aus Aufgabe 1.
Entnimm die Maße den entsprechenden Netzen.

Quader A:

a = ____________ cm

b = ____________ cm

c = ____________ cm

O = 2 · a · b + 2 · a · c + 2 · b · c

O = ______________________________

O = ______________________________ cm^2

Quader B:

a = ____________

b = ____________

c = ____________

O = ______________________________

O = ______________________________

O = ______________________________

Berechnungen an zusammengesetzten Körpern

1. Bestimme das Volumen des Körpers.

a)

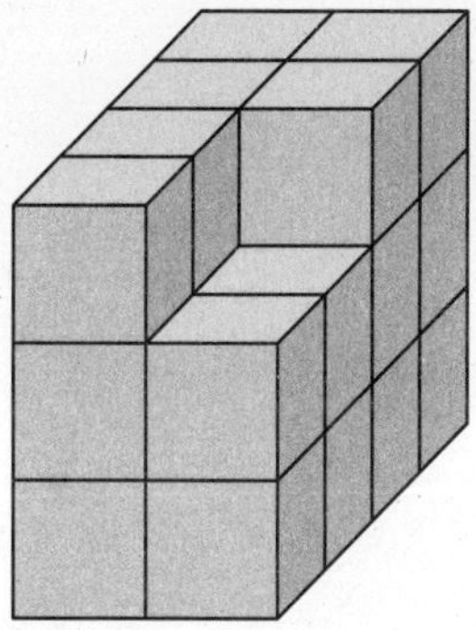

b)

c)

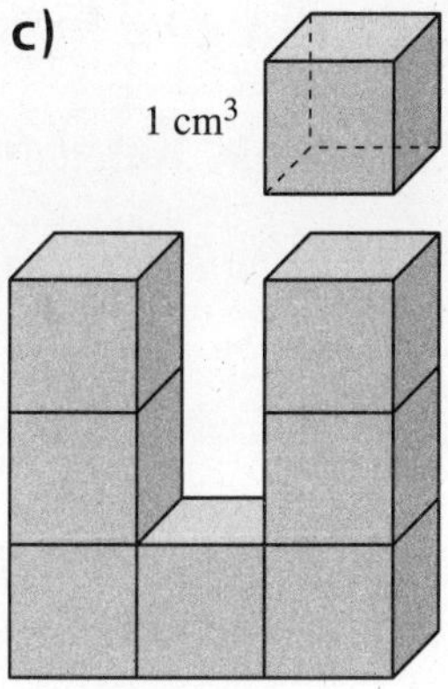

Volumen V = ____________ cm^3 V = ________________ V = ________________

2. Berechne das Volumen des zusammengesetzten Körpers.

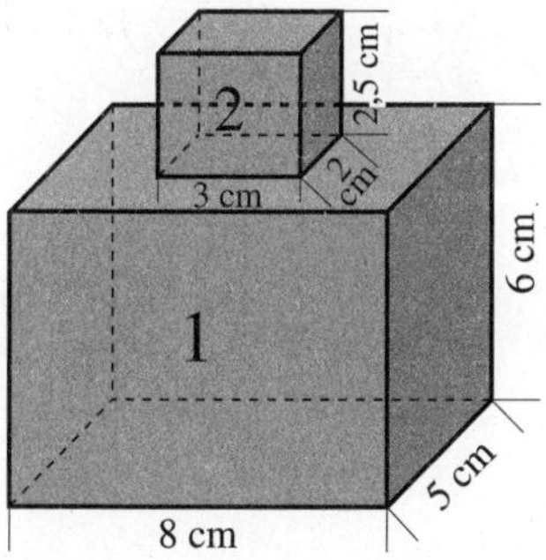

$V = V_1 + V_2$

V_1 = ____

V_2 = ____

V = ____

3. Berechne das Volumen des Körpers (Maße in cm).

a)

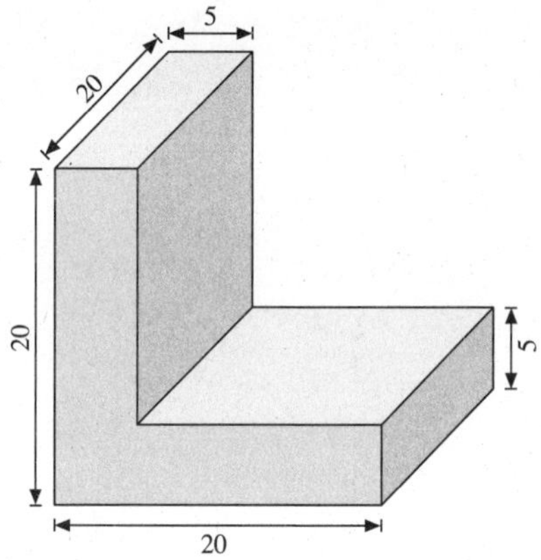

b)

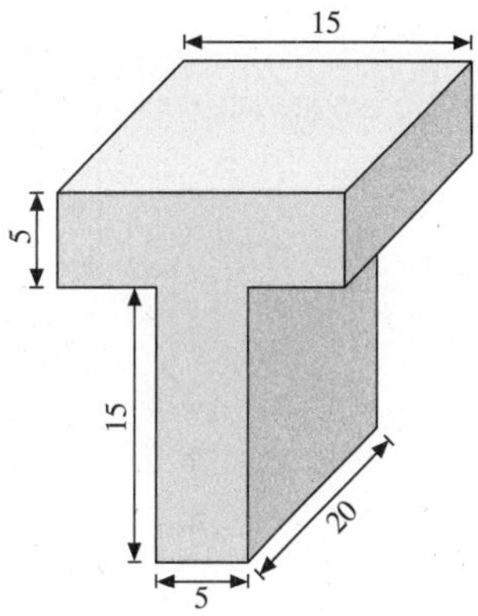

2. Bruchzahlen – Addieren und Subtrahieren

Gewöhnliche Brüche

1. Welcher Anteil am Ganzen ist dargestellt?

a) 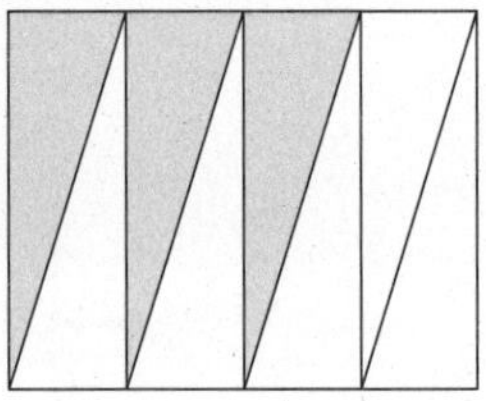

b) 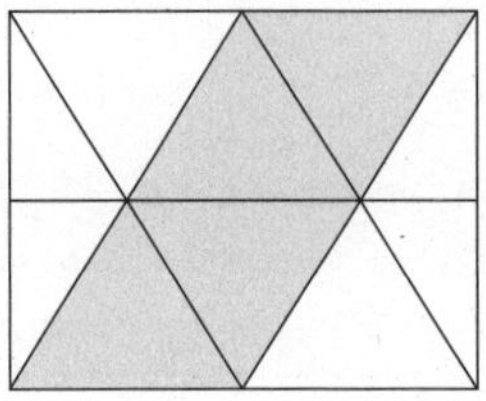

c) 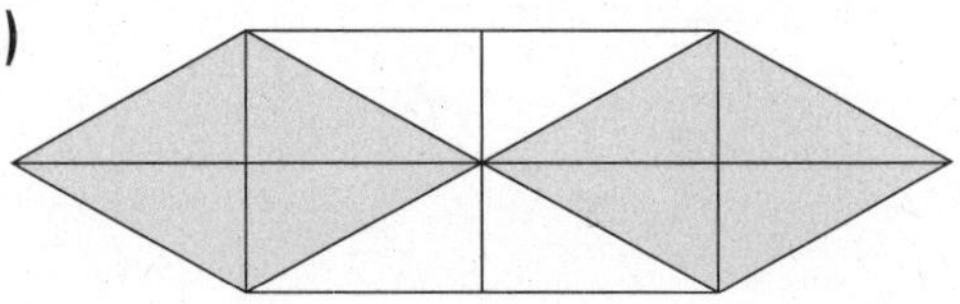

a) ______ b) ______ c) ______

2. Färbe den angegebenen Bruchteil.

a) $\frac{3}{4}$ 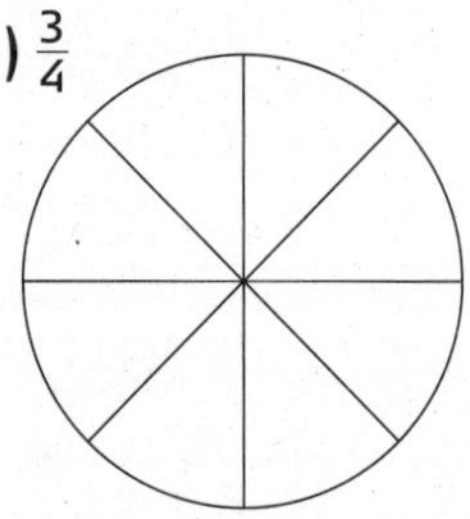

b) $\frac{5}{7}$ 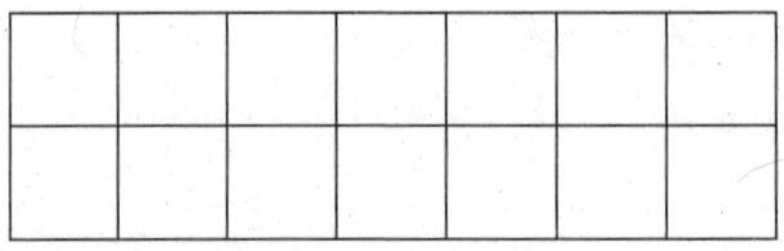

c) $\frac{2}{5}$ 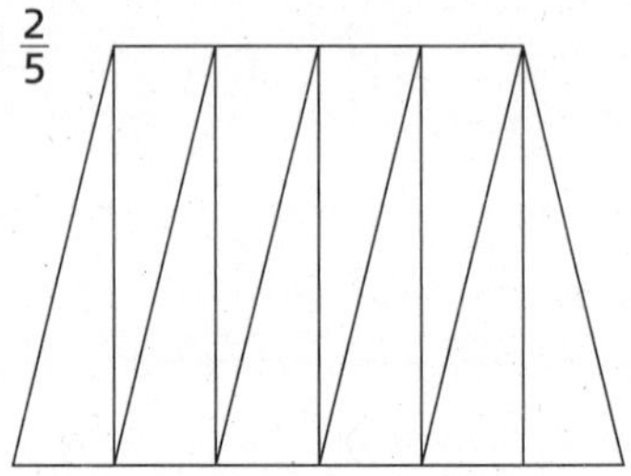

3. Ergänze die dargestellten Bruchteile zu einem Ganzen.

a) $\frac{5}{9}$ 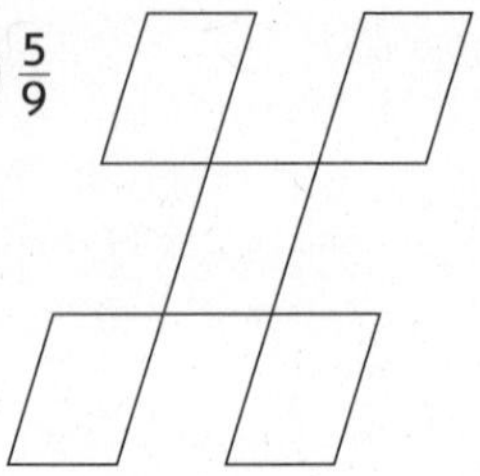

b) $\frac{2}{3}$ 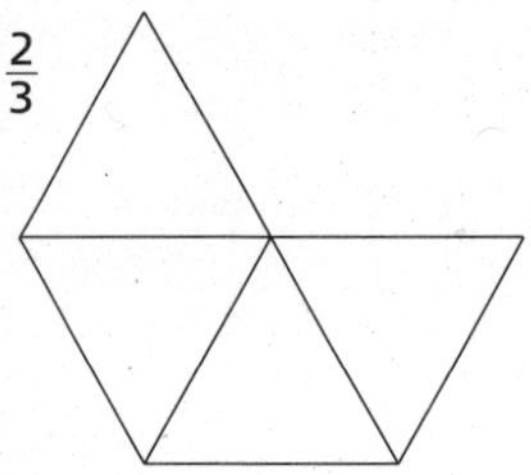

c) $\frac{7}{16}$ 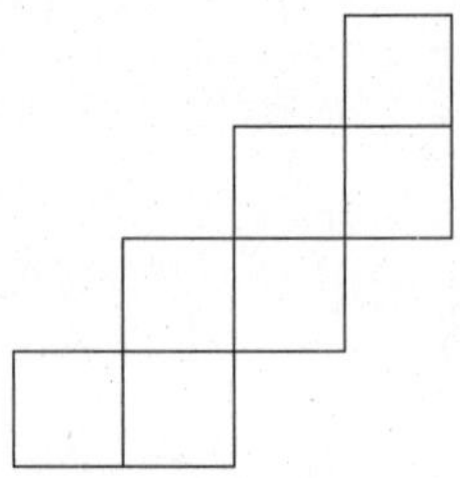

4. Ein Ganzes ist durch eine Strecke dargestellt. Färbe den angegebenen Anteil rot.
Miss die Länge der gefärbten Strecke.

a) $\frac{3}{4}$ 

b) $\frac{7}{8}$ 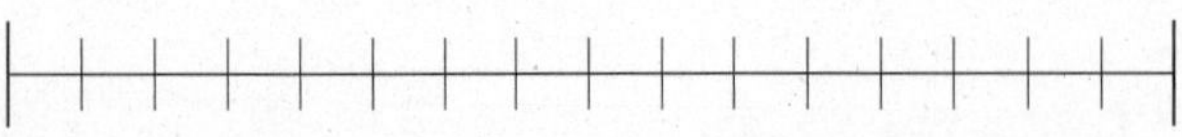

c) $\frac{5}{6}$ 

d) $\frac{5}{9}$ 

Messwerte: **a)** ______ cm **b)** ______ cm **c)** ______ cm **d)** ______ cm

Gleichwertige Brüche – Erweitern und Kürzen

1. Gib mehrere Brüche für den dargestellten Anteil am Ganzen an.

a) 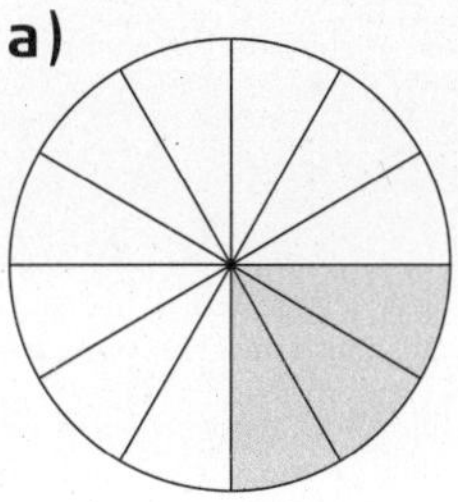

b) 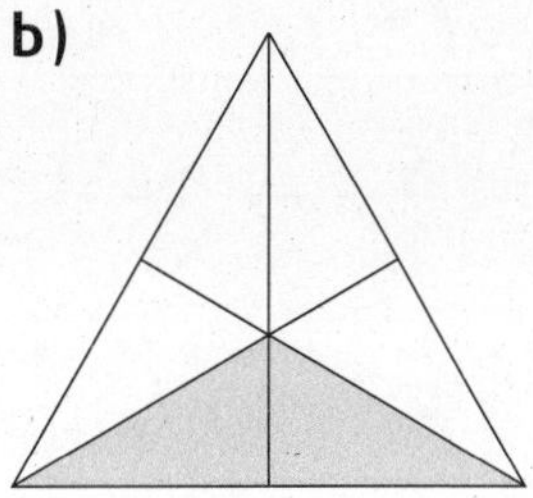

c) 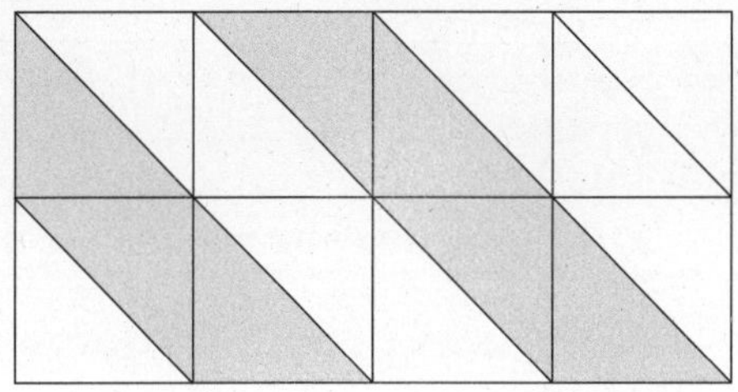

____ = ____ = ____ ____ = ____ = ____ ____ = ____ = ____

2. Erweitere die Brüche.

Erweitern mit	2	3	4	5		
$\frac{3}{7}$					$\frac{18}{42}$	
$\frac{5}{9}$						$\frac{50}{90}$
$\frac{7}{12}$						
$\frac{6}{15}$						

3. Vervollständige die Brüche durch Erweitern.

a) $\frac{5}{4} = \frac{\quad}{32}$ c) $\frac{7}{12} = \frac{\quad}{48}$ e) $\frac{5}{6} = \frac{\quad}{72}$ g) $\frac{7}{18} = \frac{56}{\quad}$

b) $\frac{6}{11} = \frac{24}{\quad}$ d) $\frac{19}{3} = \frac{\quad}{15}$ f) $\frac{16}{21} = \frac{\quad}{126}$ h) $1\frac{4}{5} = \frac{\quad}{100}$

4. Vervollständige die Brüche durch Kürzen.

a) $\frac{20}{16} = \frac{\quad}{4}$ c) $\frac{36}{54} = \frac{\quad}{9}$ e) $\frac{60}{72} = \frac{5}{\quad}$ g) $\frac{80}{124} = \frac{\quad}{31}$

b) $\frac{24}{21} = \frac{8}{\quad}$ d) $\frac{56}{24} = \frac{7}{\quad}$ f) $\frac{48}{120} = \frac{\quad}{5}$ h) $\frac{175}{100} = \frac{7}{\quad}$

5. Vervollständige durch Kürzen oder Erweitern die Zähler folgender Brüche.

a) $\frac{7}{20} = \frac{\quad}{100}$ c) $\frac{11}{4} = \frac{\quad}{100}$ e) $\frac{27}{36} = \frac{\quad}{4} = \frac{\quad}{100}$

b) $\frac{54}{90} = \frac{\quad}{10}$ d) $\frac{128}{80} = \frac{\quad}{10}$ f) $\frac{72}{16} = \frac{\quad}{2} = \frac{\quad}{10}$

Gemeinsame Teiler

1. a) Schreibe die Teilermengen auf.

T_{12} = {________________________________}

T_{18} = {________________________________}

b) Kreise gemeinsame Teiler ein.

c) Der größte gemeinsame Teiler ist: ____________

2. Bestimme mithilfe der Tabelle den größten gemeinsamen Teiler (ggT).

a)

Teiler von 16	Ist ... auch Teiler von 36?
16	nein
8	
4	
2	
1	

ggT (16; 36) = ____________

b)

Teiler von 25	Ist ... auch Teiler von 105?
25	nein
1	

ggT (25; 105) = ____________

3. Gib die Teilermengen an. Trage die Teiler in das gemeinsame Mengenbild ein.

a) T_{9} = {____________________}

T_{39} = {____________________}

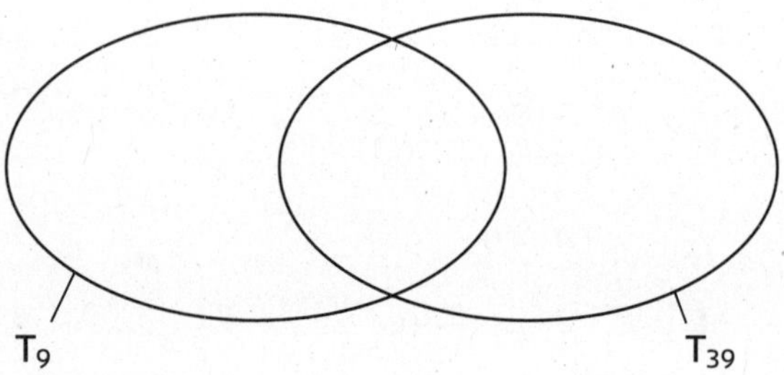

ggT (9; 39) = ____________

b) T_{51} = {____________________}

T_{68} = {____________________}

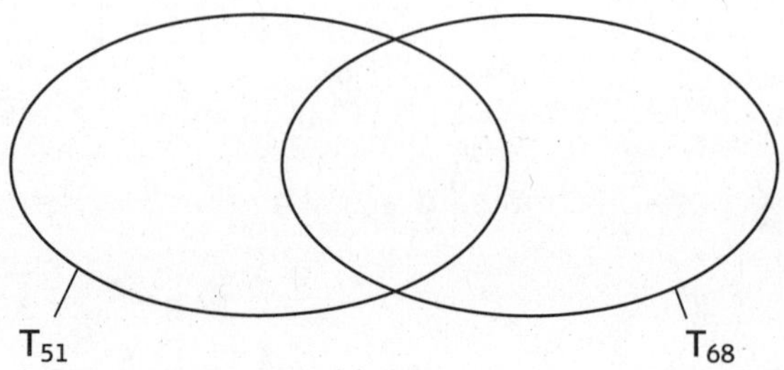

ggT (51; 68) = ____________

4. Überlege wie in Aufgabe 2.

a) T_{14} = {________________} ggT (14; 42) = ____________

b) T_{24} = {________________} ggT (24; 60) = ____________

c) T_{26} = {________________} ggT (26; 91) = ____________

Anteile von beliebigen Größen

1. Färbe

a) $\frac{1}{3}$ von

b) $\frac{3}{5}$ von

c) $\frac{1}{4}$ einer Stunde

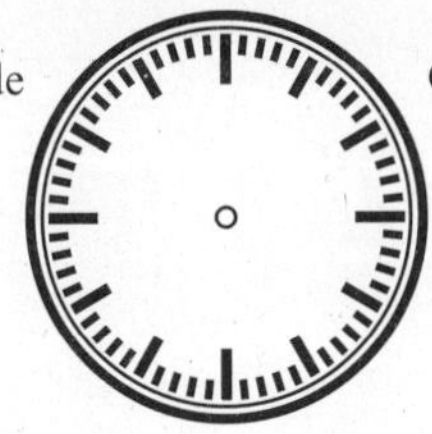

d) $\frac{5}{12}$ einer Stunde

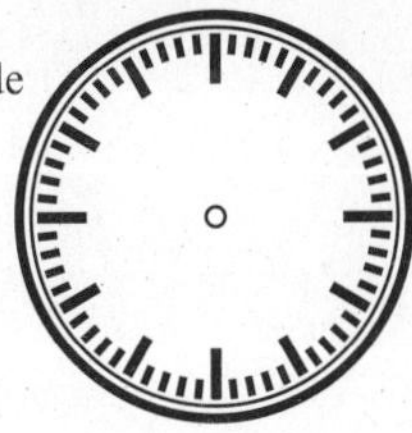

e) $\frac{3}{10}$ einer Stunde

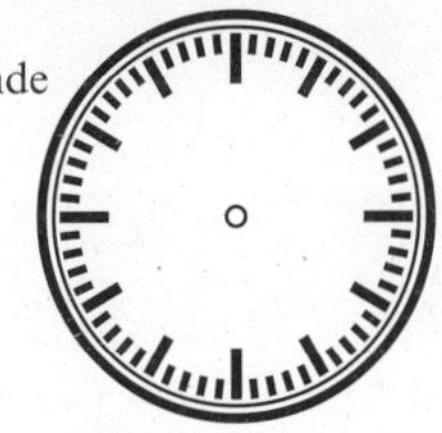

2. Fülle die Lücken aus.

a) 54 t

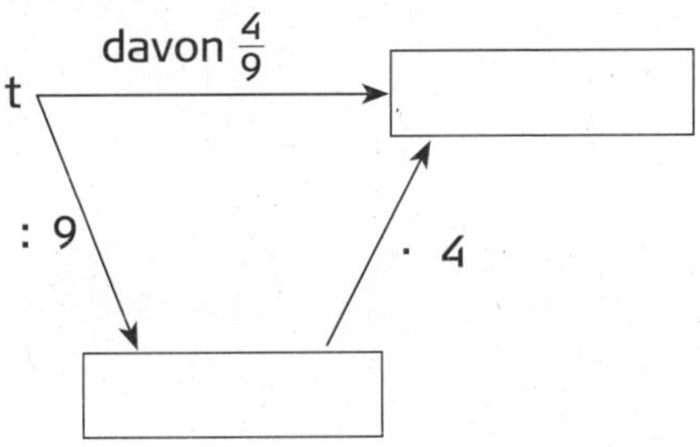

b) 720 kg

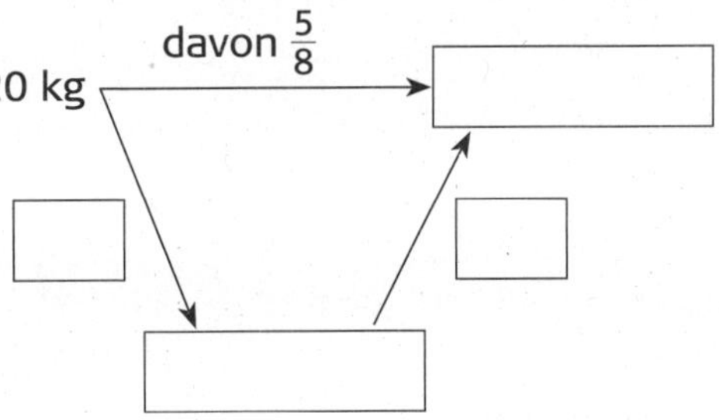

3.

a) $\frac{1}{2}$ von 50 kg = ______________ kg

b) $\frac{1}{4}$ von 24 t = ______________ t

c) $\frac{1}{5}$ von 35 *l* = ______________ *l*

d) $\frac{1}{10}$ von 450 € = ______________ €

e) $\frac{1}{20}$ von 600 g = ______________ g

f) $\frac{3}{4}$ von 40 m = ______________ m

g) $\frac{3}{10}$ von 250 km = ______________ km

h) $\frac{7}{10}$ von 110 t = ______________ t

4. Gib den hellgrauen Anteil an.

a)  ______

b)  ______

5.

a)

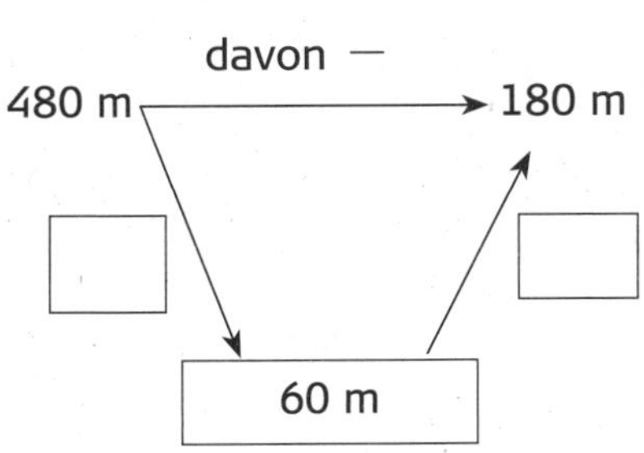

b)

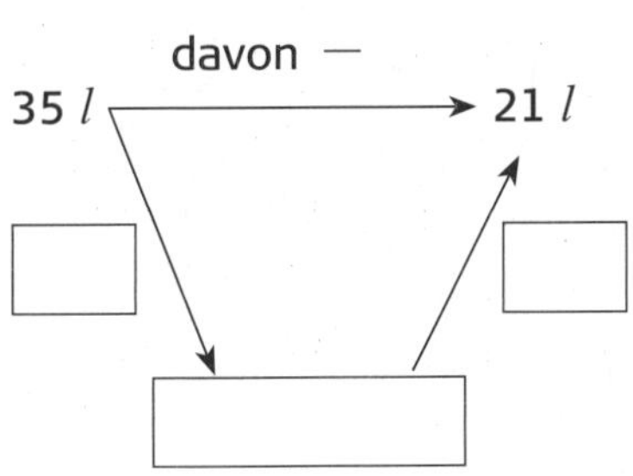

6. a) —— von 27 cm sind 9 cm c) —— von 21 kg sind 14 kg e) —— von 2 € sind 80 Cent

b) —— von 75 m sind 15 m d) —— von 54 *l* sind 18 *l* f) —— von 1 h sind 55 min

7. a)

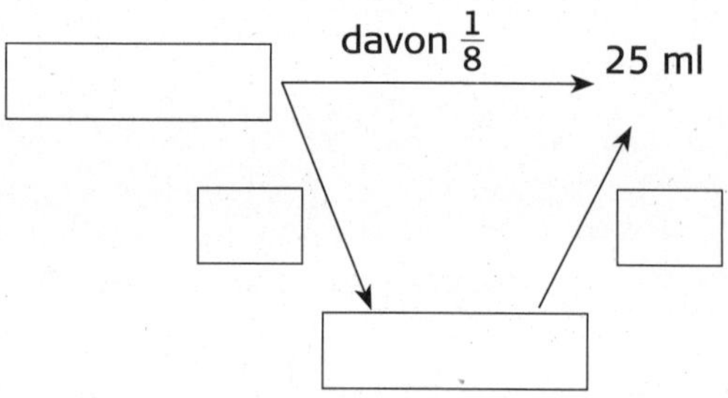

c)

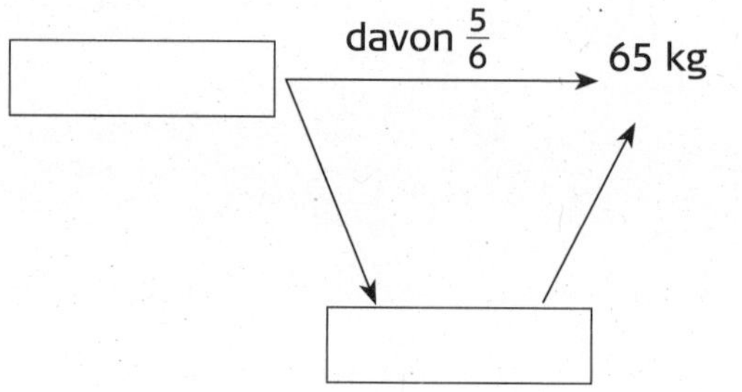

b)

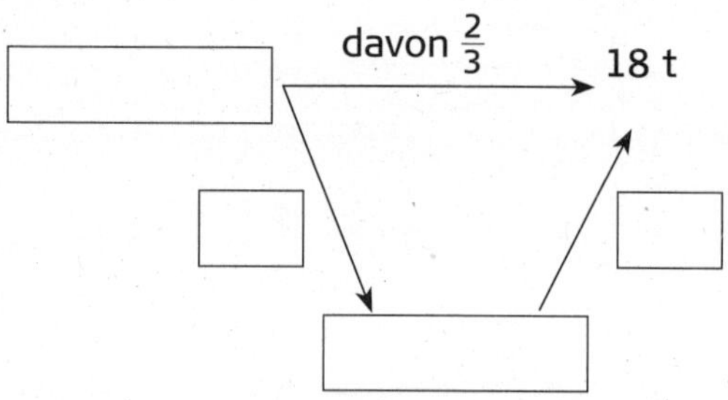

d)

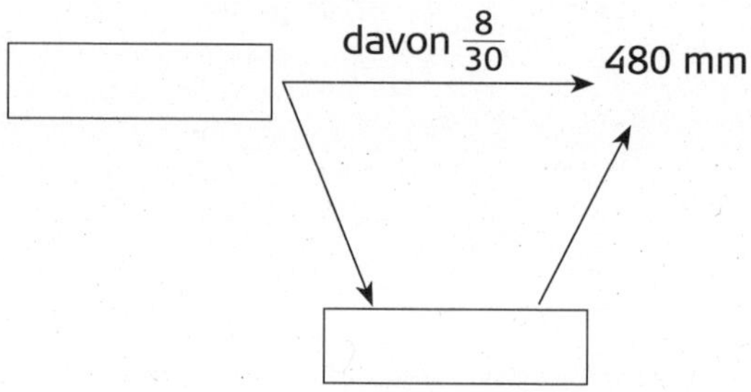

8. a) $\frac{1}{9}$ von ____________ sind 12 ha

b) $\frac{2}{5}$ von ____________ sind 48 m^2

c) $\frac{7}{8}$ von ____________ sind 49 mm

d) $\frac{3}{11}$ von ____________ sind 36 g

e) $\frac{9}{10}$ von ____________ sind 540 s

f) $\frac{2}{3}$ von ____________ sind 15 min

g) $\frac{7}{12}$ von ____________ sind 63 m^3

h) $\frac{17}{18}$ von ____________ sind 68 cm

9.

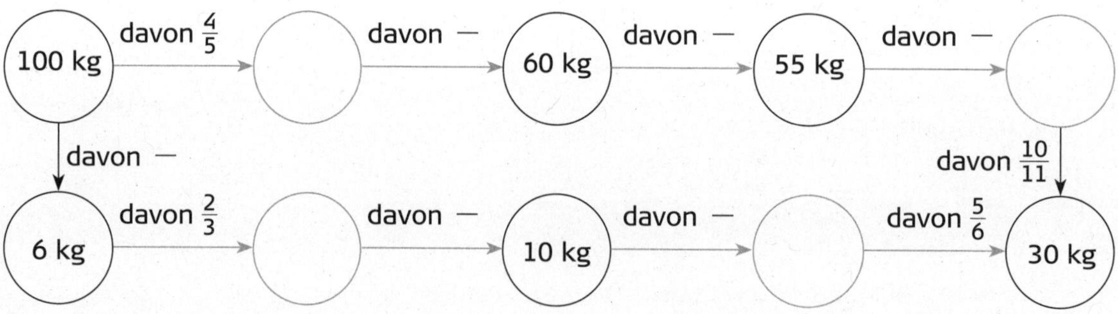

10. Vervollständige.

a) $\frac{1}{4}$ von 16 € sind _____

b) $\frac{1}{10}$ von _____ sind 2 Schüler

c) —— von 600 g sind 120 g

d) $\frac{3}{16}$ von 400 € sind _____

e) $\frac{3}{2}$ von _____ sind 51 *l*

f) —— von 700 m sind 21 m

Prozent

1. Gib den gefärbten Anteil in Prozent und als vollständig gekürzten Bruch an.

a)
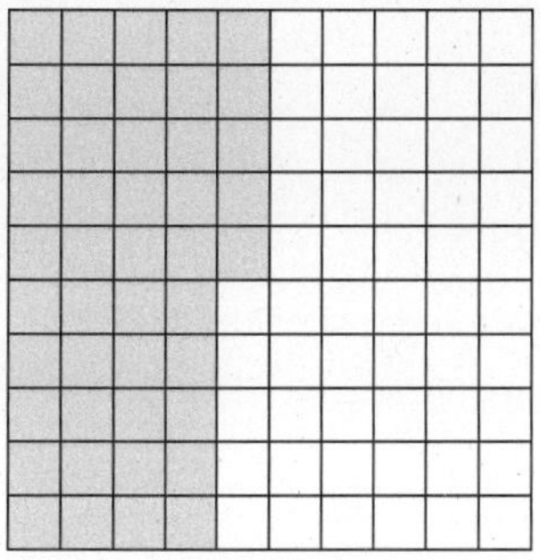

_____ % = _____

b)
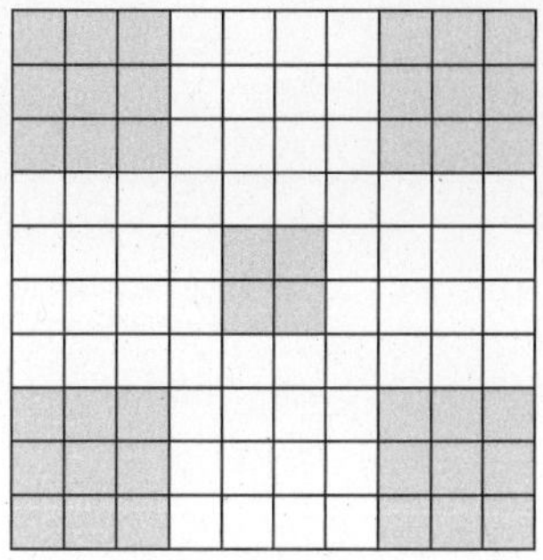

_____ % = _____

c)
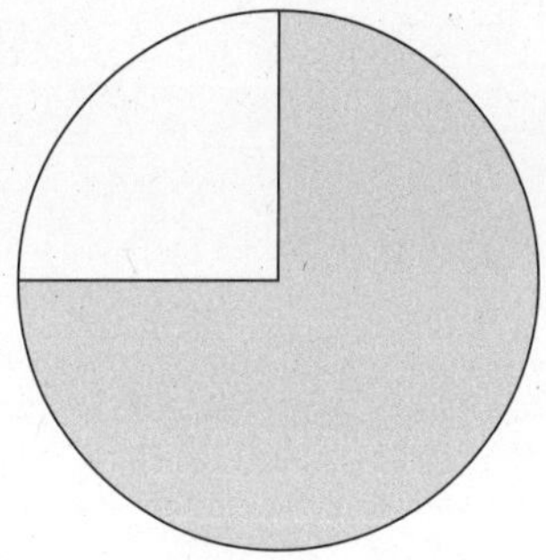

_____ % = _____

2. Gib als vollständig gekürzten Bruch an und färbe den Anteil.

a) 15 % = _____

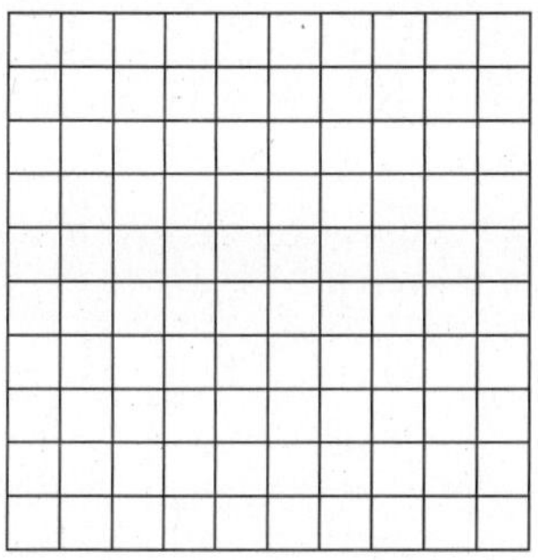

b) 75 % = _____

c) 25 % = _____

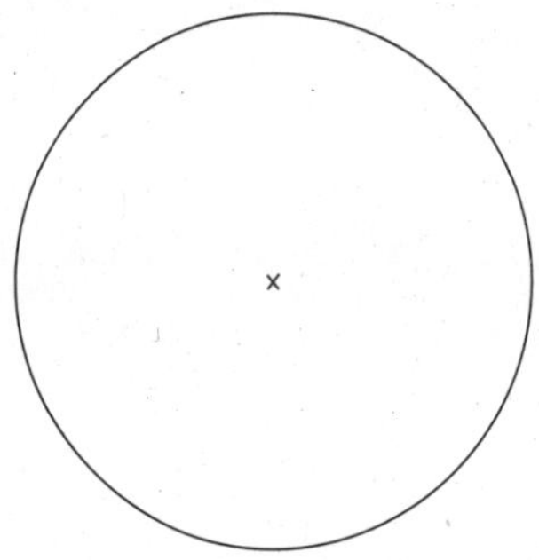

3. Ergänze.

Prozentangabe	10 %			75 %			100 %
Bruch		$\frac{1}{2}$	$\frac{1}{4}$		$\frac{7}{10}$	$\frac{1}{20}$	

4. Wie viel Prozent sind

a) 15 € von 30 €, **b)** 30 *l* von 120 *l*, **c)** 180 ha von 240 ha, **d)** 16 kg von 160 kg?

_____ _____ _____ _____

5. An einer Schülersprecherwahl nahmen ca. $\frac{3}{4}$ aller Schülerinnen und Schüler teil. Von den abgegebenen Stimmen erhielt Sven ungefähr jede dritte Stimme. Im Aushang der Schule ist später zu lesen:

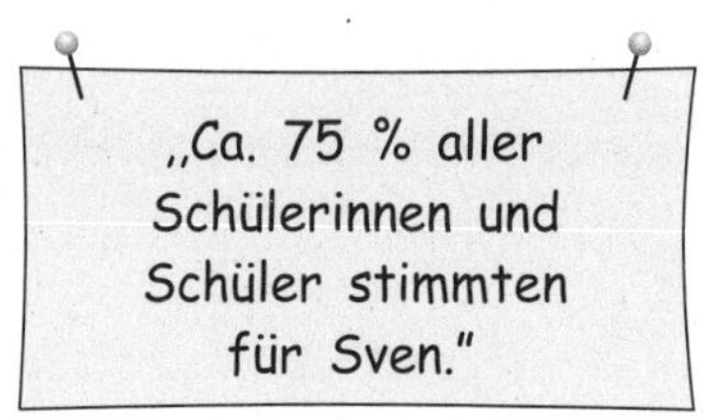

Was meinst du dazu? _____

Bruchzahlen – Darstellungsformen

1. Kennzeichne auf jedem Zahlenstrahl den Punkt, der zum Bruch $\frac{1}{2}$ gehört.

(1) (2) (3)

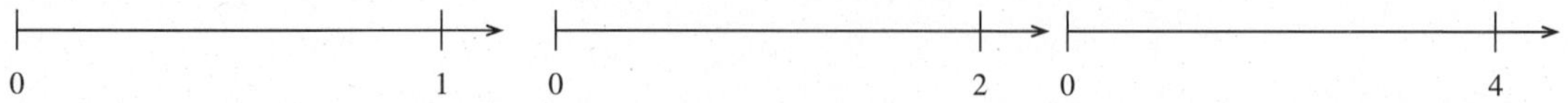

2. Kennzeichne die Bruchzahlen auf dem Zahlenstrahl.

$\frac{3}{8}$; $\frac{13}{8}$; $\frac{8}{8}$; $2\frac{1}{4}$; 0,75; $2\frac{5}{8}$; $\frac{1}{2}$; 1,5; $\frac{7}{4}$

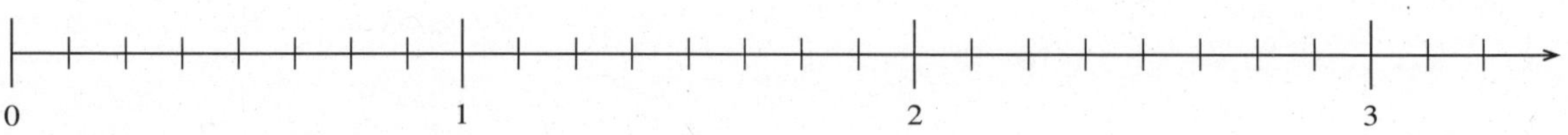

3. Welche gewöhnlichen Brüche gehören in die Kreise? Es können auch mehrere sein.

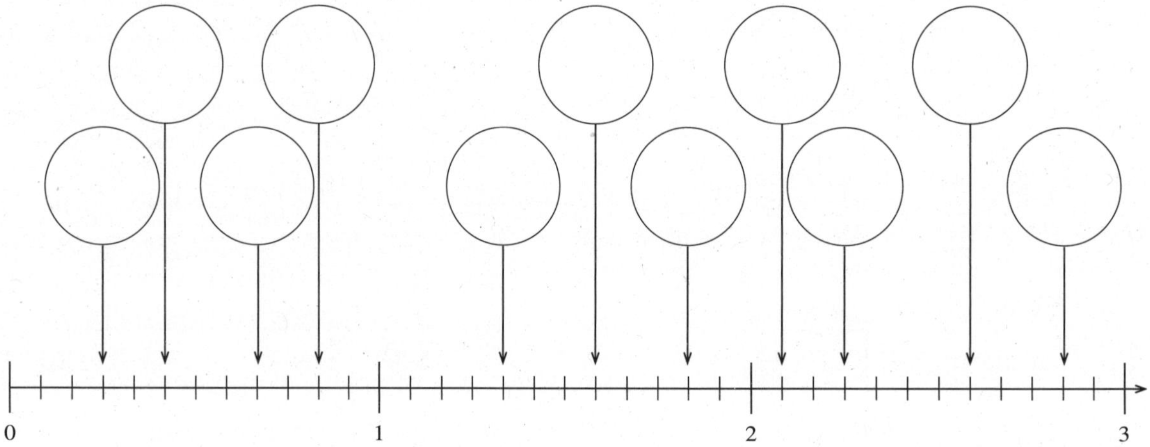

4. Welche Brüche gehören zum selben Punkt des Zahlenstrahls?

$\frac{1}{4}$; $\frac{10}{6}$; $\frac{8}{12}$; $1\frac{1}{3}$; $\frac{2}{3}$; $\frac{2}{8}$; $\frac{15}{12}$; $\frac{5}{3}$; $\frac{9}{12}$; $\frac{4}{6}$; $1\frac{1}{4}$; $\frac{3}{12}$; $\frac{12}{9}$; 0,25

5. Welche Dezimalbrüche sind am Zahlenstrahl dargestellt?

a)

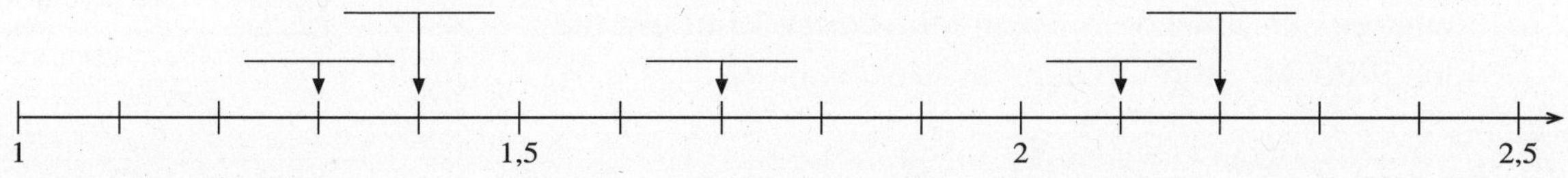

b)

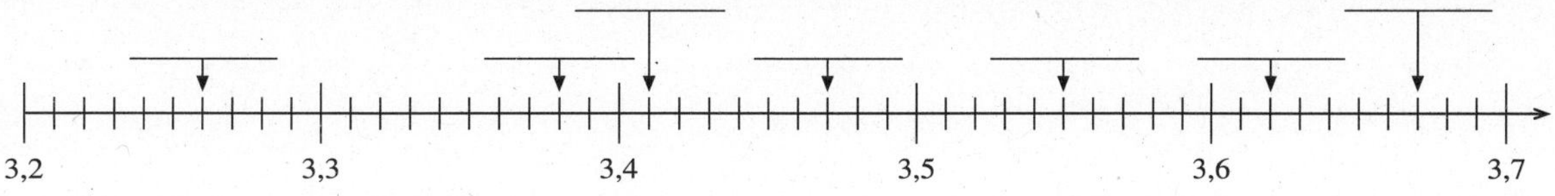

c)

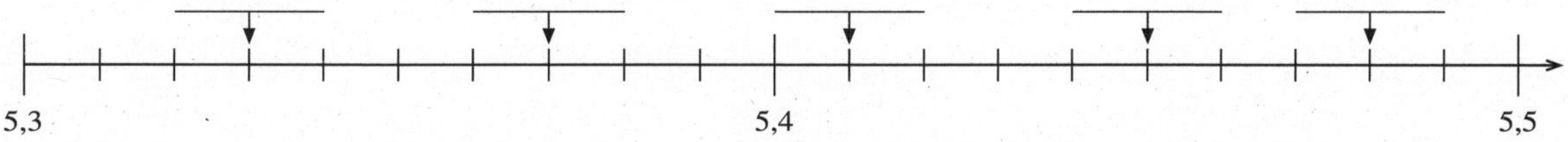

6. Kennzeichne den Bruch am Zahlenstrahl durch den entsprechenden Buchstaben.
Du erhältst ein Lösungswort.

P = 0,35	D = 0,99	C = 0,08	A = 0,86	E = 0,65	T = $\frac{6}{10}$
L = 0,81	O = $\frac{15}{100}$	N = 0,92	R = $\frac{7}{10}$	U = 0,48	M = 0,21

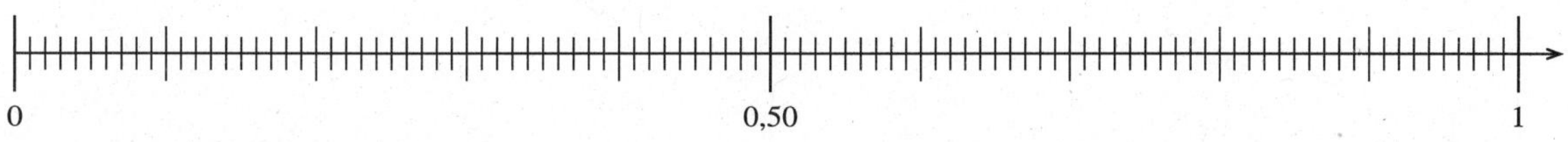

Lösungswort: ______________________________

7. Kennzeichne auf dem Zahlenstrahl die 1, die 2, ...

a)

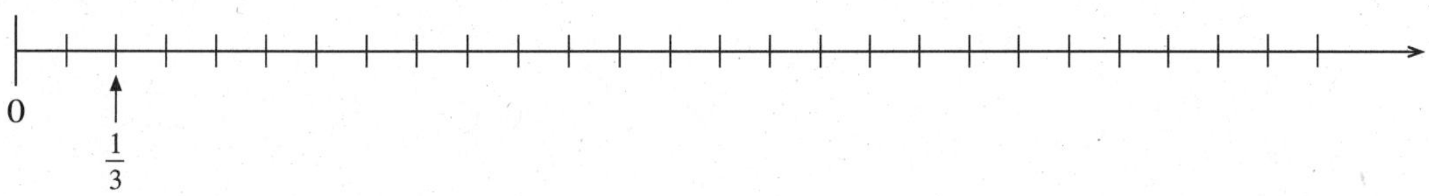

b)

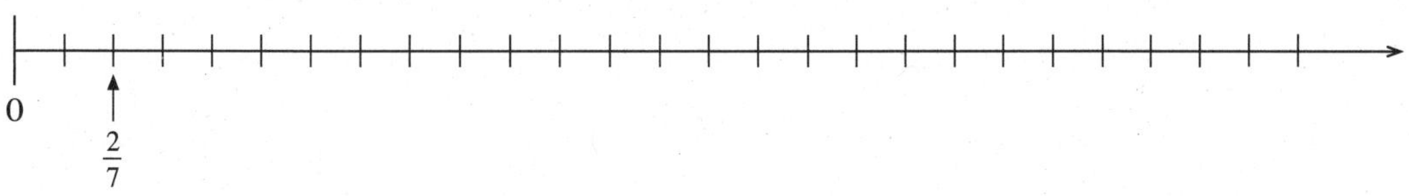

c)

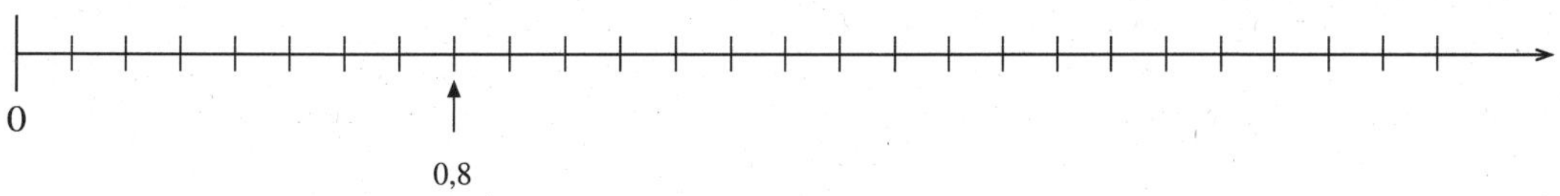

d)

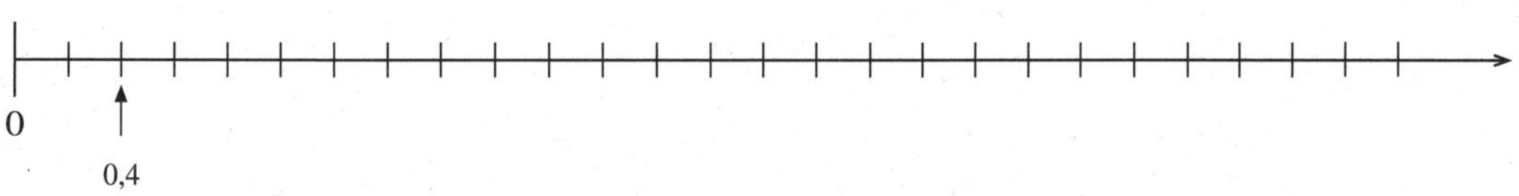

Gewöhnliche Brüche – Dezimalbrüche

$\frac{7}{20} = \frac{35}{100} = 0{,}35$

1. Erweitere alle Brüche so, dass der Nenner 10 oder 100 oder 1000 ist. Schreibe dann als Dezimalbruch.

a) $\frac{2}{5}$ = ___ = ☐ c) $1\frac{1}{2}$ = ___ = ☐ e) $\frac{4}{25}$ = ___ = ☐

b) $\frac{1}{4}$ = ___ = ☐ d) $\frac{3}{8}$ = ___ = ☐ f) $3\frac{4}{5}$ = ___ = ☐

2. Erweitere oder kürze alle Brüche so, dass der Nenner 10 oder 100 ist. Schreibe dann als Dezimalbruch.

a) $\frac{18}{15} = \frac{\quad}{5} = \frac{\quad}{10}$ = ___ d) $\frac{12}{75} = \frac{\quad}{25}$ = ___ = ___

b) $\frac{21}{30}$ = ___ = ___ e) $\frac{52}{80}$ = ___ = ___ = ___

c) $\frac{21}{50}$ = ___ = ___ f) $\frac{124}{40}$ = ___ = ___

3. Ergänze die Tabelle.

Bruch	$\frac{1}{2}$		$\frac{3}{5}$		$\frac{8}{25}$			$\frac{5}{4}$	
Zehnerbruch	$\frac{5}{10}$	$\frac{75}{100}$					$\frac{7}{10}$		
Dezimalbruch	0,5			0,06		0,12			0,045

4. Verbinde gleiche Zahlen.

a)		b)		c)	
$\frac{1}{2}$	0,05	$1\frac{1}{4}$	1,4	$\frac{17}{10}$	1,8
$\frac{1}{4}$	0,125	$\frac{1}{50}$	1,14	$\frac{300}{250}$	1,5
$\frac{1}{5}$	0,5	$2\frac{2}{3}$	$2,\overline{6}$	$\frac{750}{500}$	2,5
$\frac{1}{8}$	0,25	$2\frac{6}{25}$	0,02	$\frac{500}{200}$	1,7
$\frac{1}{10}$	0,2	$1\frac{7}{50}$	1,25	$\frac{35}{20}$	1,2
$\frac{1}{20}$	0,10	$\frac{28}{20}$	2,24	$\frac{720}{400}$	1,75

Vergleichen und Ordnen von Bruchzahlen

1. a) Ordne den Brüchen die entsprechenden Buchstaben zu. Du erhältst ein Lösungswort.

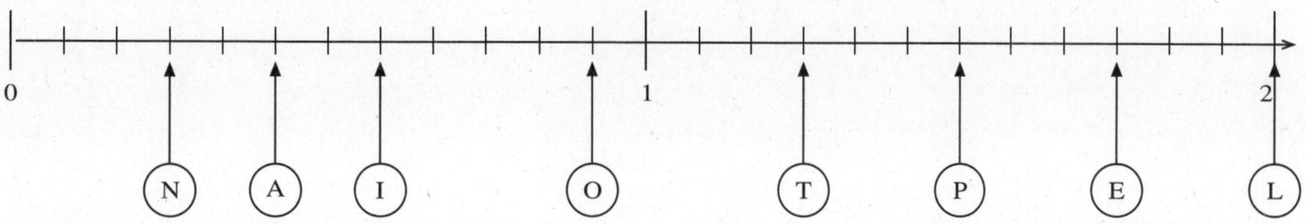

$\frac{5}{12}$	$\frac{3}{12}$	$\frac{5}{4}$	$\frac{7}{12}$	$\frac{12}{6}$	$\frac{11}{12}$	$1\frac{1}{2}$	$1\frac{3}{4}$

b) Vergleiche. Setze das Zeichen < oder > oder = ein.

$\frac{5}{12} \square \frac{5}{4}$; $\frac{5}{4} \square \frac{11}{12}$; $\frac{7}{12} \square \frac{5}{4}$; $\frac{5}{4} \square 1\frac{1}{2}$; $\frac{5}{4} \square \frac{15}{12}$

2. Erweitere so, dass der Nenner 24 ist und ordne dann die Brüche nach der Größe.

a) $\frac{3}{8}$; $\frac{1}{2}$; $\frac{2}{3}$; $\frac{5}{12}$

$\frac{\quad}{24}$; $\frac{\quad}{24}$; $\frac{\quad}{24}$; $\frac{\quad}{24}$

___ < ___ < ___ < ___

b) $\frac{5}{6}$; $\frac{3}{4}$; $\frac{1}{3}$; $\frac{17}{12}$

$\frac{\quad}{24}$; $\frac{\quad}{24}$; $\frac{\quad}{24}$; $\frac{\quad}{24}$

___ < ___ < ___ < ___

3. Vergleiche. Setze das Zeichen < oder > oder = ein.

a) $\frac{1}{5} \square \frac{3}{10}$; **b)** $\frac{8}{12} \square \frac{2}{3}$; **c)** $\frac{3}{4} \square \frac{7}{10}$; **d)** $\frac{3}{5} \square \frac{4}{7}$

4. Gib einen Bruch an, der zwischen den beiden Brüchen liegt.

a) $\frac{1}{2} <$ ___ $< \frac{2}{2}$ **b)** $\frac{5}{6} <$ ___ $< \frac{6}{6}$ **c)** $\frac{3}{8} <$ ___ $< \frac{3}{4}$ **d)** $\frac{2}{5} <$ ___ $< \frac{2}{3}$

5. Ordne die Zahlen der Größe nach.

a) Beginne mit der größten Zahl.

4,83; 0,67; 7,83; 3,48; 0,77; 7,38; 8,34; 0,84

____

b) Beginne mit der kleinsten Zahl. $\frac{1}{8}$; 3,14; $\frac{1}{3}$; 0,11; $\frac{5}{4}$; 0,33; $\frac{6}{2}$; $\frac{30}{15}$; $1\frac{5}{8}$

____

6. Welche Dezimalbrüche sind am Zahlenstrahl dargestellt?

a)

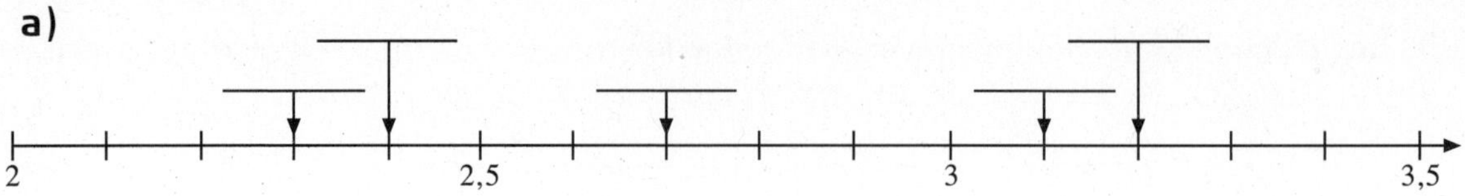

b)

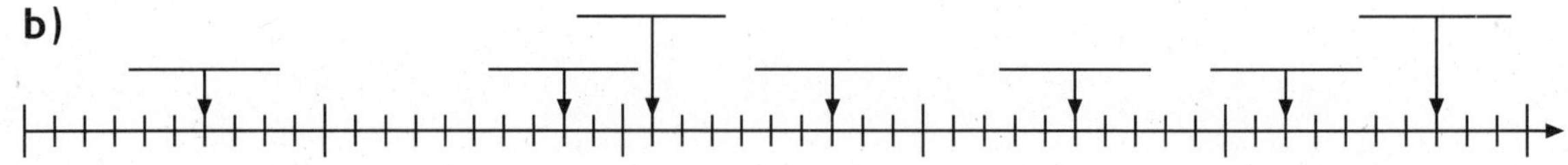

7. Kennzeichne den Dezimalbruch am Zahlenstrahl durch den entsprechenden Buchstaben. Du erhältst ein Lösungswort.

U = 0,99 K = 0,08 D = 0,81 A = 0,15 A = 0,70 K = 0,48

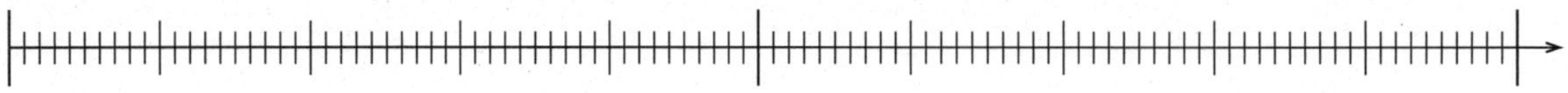

Lösungswort: ______________________________

8. Ordne. Beginne mit der kleinsten Zahl.

a) $\frac{1}{3}$; 0,3; 0,333

____

c) 2,6; $2\frac{2}{3}$; 2,56

____

b) $\frac{2}{5}$; $\frac{1}{4}$; 0,3

____

d) 0,5; 0,4; $\frac{4}{9}$

____

9. Gib drei Zahlen an, die zwischen den angegebenen Zahlen liegen.

a) 0,5 und 0,6: ______________________

c) 5 und 5,1: ______________________

b) 0,3 und 0,29: ______________________

d) 3,333 und 3,33: ______________________

10. Die Schlange frisst zuerst die schwersten Brocken.

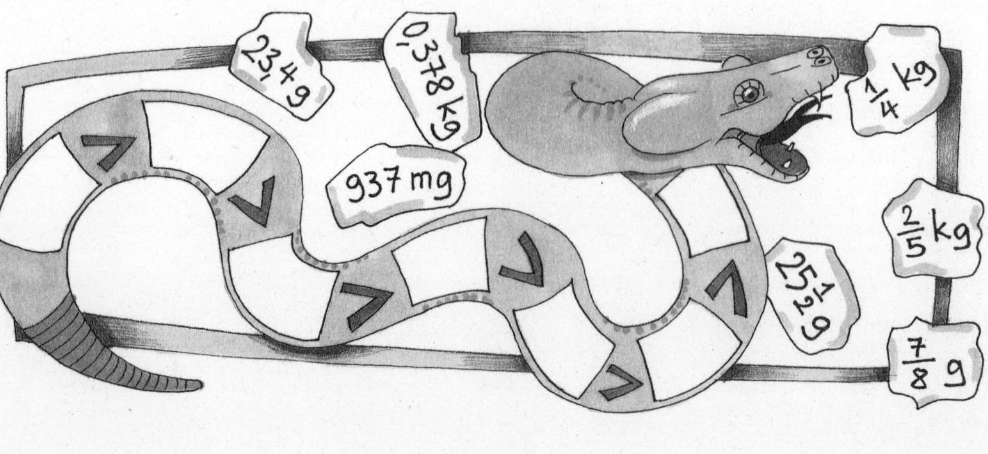

Gemeinsame Vielfache

1. Schreibe die ersten Vielfachen in die Tabelle.
Kennzeichne das kleinste gemeinsame Vielfache (kgV) farbig.

a)

Vielfache von	
8	12
8	
16	

kgV (8; 12) = ________

b)

Vielfache von	
16	20

kgV (16; 20) = ________

c)

Vielfache von		
3	5	6

kgV (3; 5; 6) = ________

2. Überlege wie in Aufgabe 1.

a) Vielfache von 5:

____

Vielfache von 7:

____

kgV (5; 7) = ______________

b) Vielfache von 23:

____

Vielfache von 46:

____

kgV (23; 46) = ______________

c) Vielfache von 90:

____

Vielfache von 45:

____

Vielfache von 30:

____

kgV (30; 45; 90) = ______________

d) Vielfache von 45:

____

Vielfache von 30:

____

Vielfache von 18:

____

kgV (45; 30; 18) = ______________

Addieren und Subtrahieren von gewöhnlichen Brüchen

1. Fülle aus. Benutze eventuell einen Zettel für deine Rechnung.

a)

$+$	$\frac{1}{2}$	$\frac{1}{3}$	$\frac{1}{5}$	
$\frac{1}{2}$				$\frac{3}{4}$
$\frac{4}{5}$				

b)

$-$	$\frac{1}{2}$		$\frac{5}{8}$	
$\frac{5}{4}$		1		
$\frac{7}{3}$				$\frac{26}{15}$

2. Bestimme die fehlenden Zahlen. Die Summe der Spalten, Zeilen und Diagonalen ist immer 1.

a)

$\frac{1}{4}$		
	$\frac{1}{3}$	$\frac{1}{8}$
$\frac{5}{24}$		

b)

		$\frac{1}{6}$
	$\frac{1}{3}$	
		$\frac{2}{9}$

c)

	$\frac{1}{3}$	$\frac{1}{5}$
$\frac{2}{5}$		

3. a)

	$+\frac{3}{4}$	
$2\frac{1}{4}$		
		$2\frac{7}{8}$
$3\frac{3}{4}$		

b)

	$-\frac{1}{3}$	
$3\frac{2}{3}$		
		$2\frac{1}{6}$
$1\frac{2}{9}$		

4. In jeder Aufgabe stehen gleiche Symbole für gleiche Zahlen. Suche passende Zahlen.

a)

$3\frac{1}{2}$ + □ = 5

− − −

3 + ⧄ = △

◯ + $\frac{1}{2}$ = ⧄

□ = ____________

△ = ____________

⧄ = ____________

◯ = ____________

b)

□ + $\frac{1}{3}$ = $\frac{5}{6}$

− − −

△ + $\frac{1}{3}$ = $\frac{7}{12}$

△ + ◯ = △

◯ = ____________

□ = ____________

△ = ____________

Addieren und Subtrahieren von Dezimalbrüchen

1. Fülle aus. Benutze eventuell einen Zettel für deine Rechnung.

a) Addiere.

	8,8			
1,5	2,7	0,9	1	0,4

b) Subtrahiere.

19,25	12,73	8,39	4,91	1,67
		0,24		
1,32				
0,70				

2. Ergänze die Tabelle.

a)

1. Summand	8,5		1,8	$\frac{1}{2}$
2. Summand	4,4	2,6		7,9
3. Summand		4	1,2	
Summe	20	20	20	20

b)

x	1,8	0,9		5,1	
y	1,4	0,25	0,75		2,5
x + y			3,5	7	
x − y					9,4

3. Ergänze die fehlenden Zahlen. Die Summen in den Zeilen, Spalten und Diagonalen sind gleich.

a)

0,8	0,3	
	0,5	
	0,7	0,2

b)

0,3	1,5	2,7
		1,2

c)

5,2		
	6,5	
2,6		7,8

4. Einige Ziffern sind verschwunden, welche sind es?

a)
```
    4 , 9 ● 1
+   3 , 7 6 ●
-------------
    8 , ● 8 3
```

b)
```
  1 ● , 4 8 3
−     7 , 6 ● 5
---------------
      7 , 8 4 ●
```

c)
```
    5 , 0 ● 6 5
+   0 , 8 1 0 ●
---------------
    ● , 8 8 ● 3
```

d)
```
    ● , 7 8 6 ●
−   0 , 4 ● 8 6
---------------
    0 , ● 2 7 4
```

5. Oh, wo ist denn das Komma hin? Füge das Komma so ein, dass die Aufgabe richtig wird.

a) 4 5 + 3 7 2 = 4 8 7 2

b) 8 5 + 1 3 2 = 9 8 2

c) 5 2 3 + 4 1 7 = 5 6 4 7

d) 9 7 2 5 − 3 6 5 = 9 3 6 0

e) 6 7 4 8 − 2 8 8 = 3 8 6 8

f) 6 4 7 − 4 3 5 = 6 0 3 5

Vermischte Übungen

1. a) Aus den Zahlenkärtchen

hat Max Aufgaben gebildet.
Wie hat Max gerechnet?
Setze ⊞ und ⊟ richtig ein.

$\frac{1}{3}$ □ $\frac{3}{2}$ □ $\frac{1}{4}$ = ______ = $\frac{25}{12}$

$\frac{1}{3}$ □ $\frac{3}{2}$ □ $\frac{1}{4}$ = ______ = $\frac{19}{12}$

$\frac{3}{2}$ □ $\frac{1}{3}$ □ $\frac{1}{4}$ = ______ = $\frac{11}{12}$

$\frac{3}{2}$ □ $\frac{1}{3}$ □ $\frac{1}{4}$ = ______ = $\frac{17}{12}$

b) Bilde aus den Zahlenkärtchen

selbst vier lösbare Aufgaben und berechne sie.

— □ — □ — = ______ = —

— □ — □ — = ______ = —

— □ — □ — = ______ = —

— □ — □ — = ______ = —

2. *Kreuzzahlrätsel*

a	e	f	g
b			
c			
d			

Trage die Ergebnisse (ohne Komma) im Kreuzzahlrätsel ein.
Verwende für jede Ziffer ein Kästchen.

waagerecht:

a 251,9 + 123,4 = ______

b 63,71 − 6,45 = ______

c 3,849 − 0,75 = ______

d 56,85 + 9,4 = ______

senkrecht:

a 81,48 − 46,12 = ______

e 4,256 + 3,45 = ______

f 10,582 − 5,29 = ______

g 94,4 + 275,1 = ______

3. Fülle die Lücken aus.

a) 5,7 $\xrightarrow{-1,5}$ □ $\xrightarrow{+9,8}$ □

b) 7,9 $\xrightarrow{+4,5}$ □ $\xrightarrow{-0,8}$ □

c) 25,7 $\xrightarrow{-5,9}$ □ $\xrightarrow{+11,2}$ □

d) □ $\xrightarrow{+0,8}$ 4,5 $\xrightarrow{-3,9}$ □

4. Rechne im Kopf.

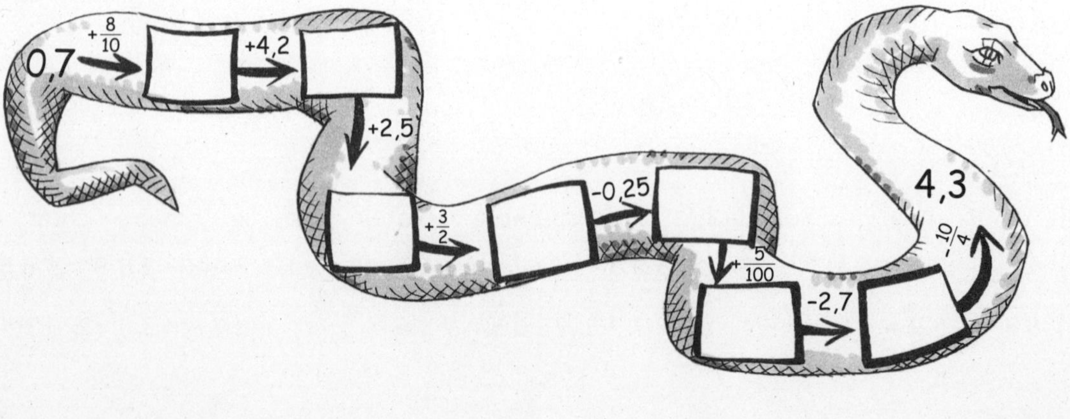

3. Kreis – Winkel – Drehung

Kreise

1. Setze das Muster fort und färbe nach Belieben.

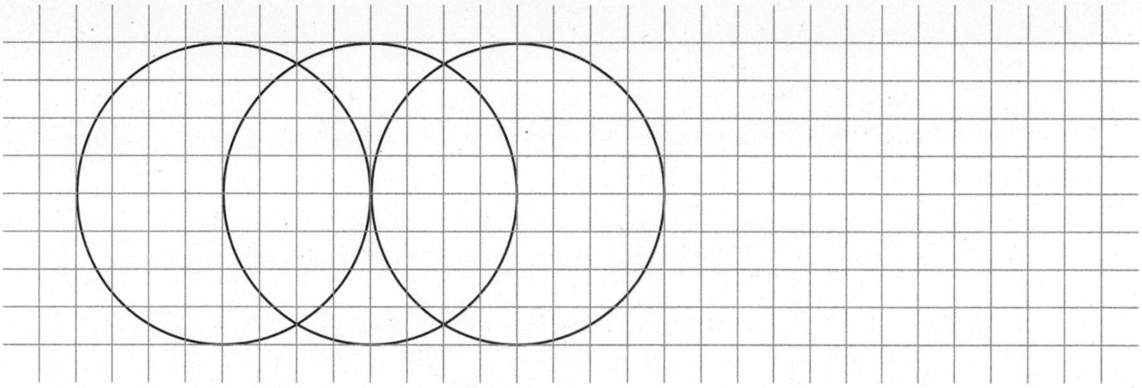

2. a) Miss die Radien aller Kreise aus Teilaufgabe b) und bestimme alle Durchmesser.

r_1 = ________ d_1 = ________ r_3 = ________ d_3 = ________

r_2 = ________ d_2 = ________

b) Lege auf der Geraden g einen Punkt P fest, der von M genau 2 cm entfernt ist. Zeichne nun um den Mittelpunkt P drei Kreise mit den Radien aus a).

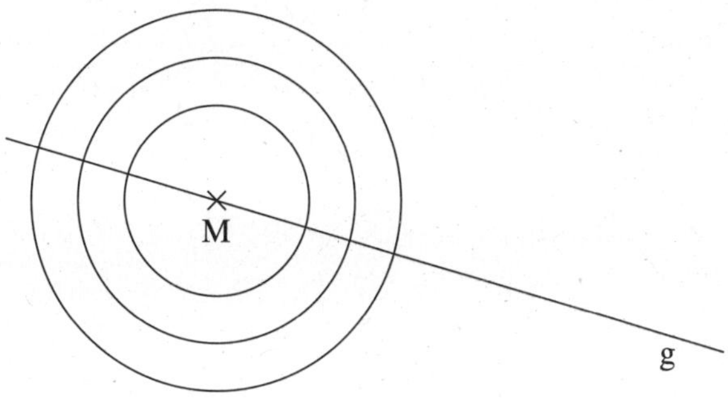

3. Zeichne die Muster weiter.

a)

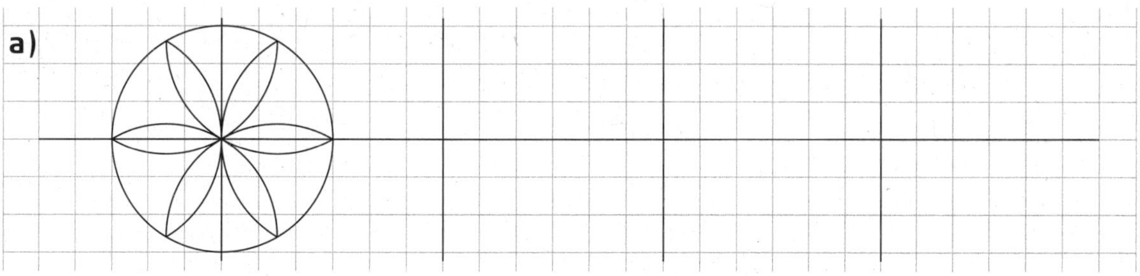

b)

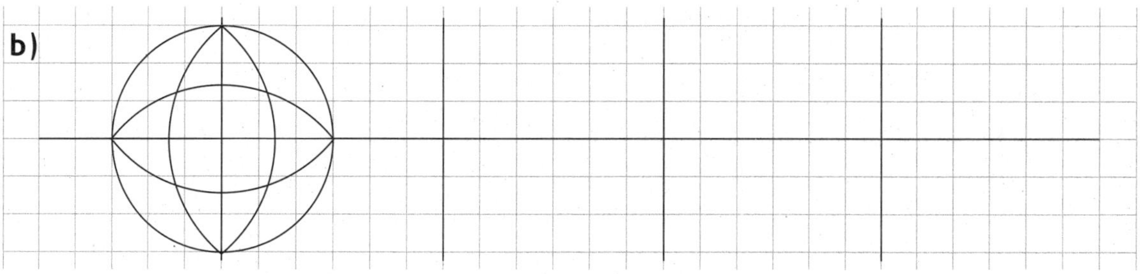

Winkel – Messen und Zeichnen

1. Färbe die spitzen Winkel rot, die rechten Winkel blau und die stumpfen Winkel grün.

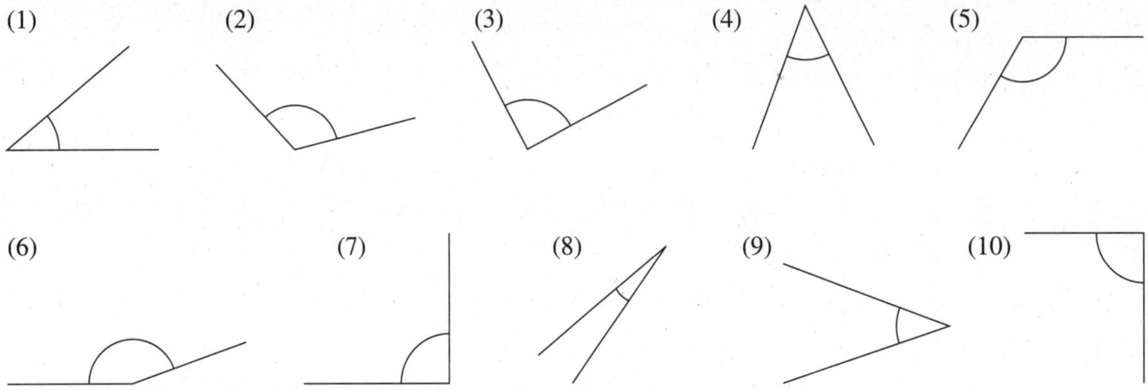

Nenne nach Augenmaß den kleinsten und den größten Winkel.

kleinster: ______________________ größter: ______________________

2. Bestimme die Winkelart. Trage die Winkel in die Tabelle ein.

70°; 56°; 95°; 170°; 45°; 125°; 12°; 90°; 162°; 230°; 78°; 89°; 176°; 191°

spitze Winkel	
rechte Winkel	
stumpfe Winkel	
überstumpfe Winkel	

3. Welche Winkel kommen in diesen Flächen vor? Ergänze die Tabelle.

a)

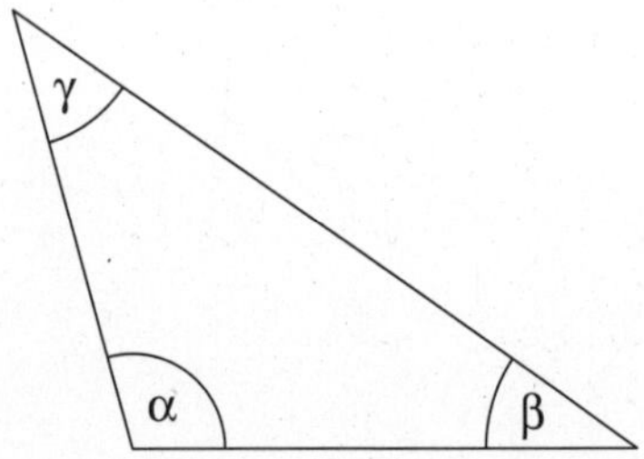

b)

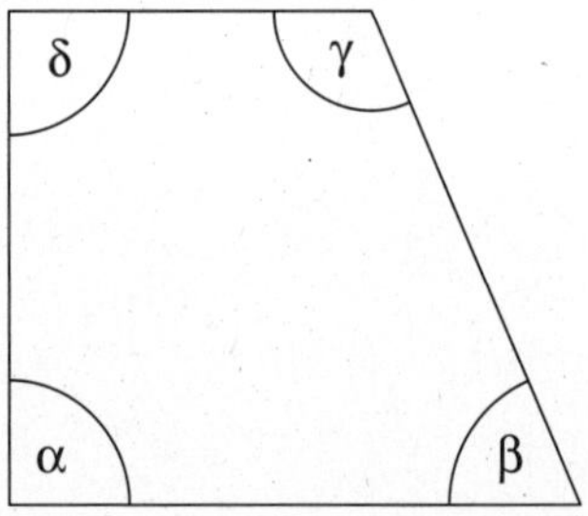

c)

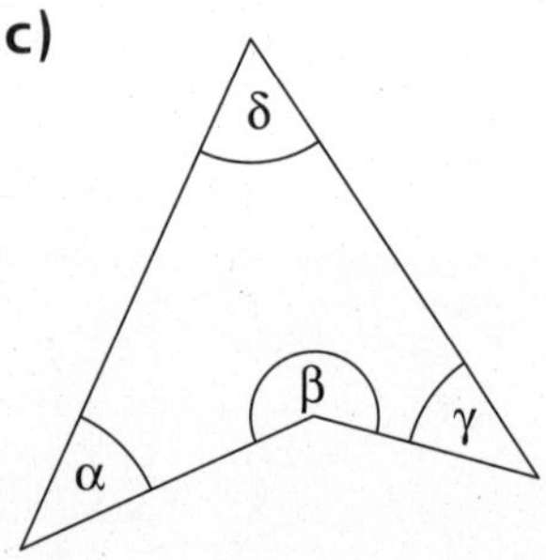

	a)	b)	c)
spitze Winkel			
rechte Winkel			
stumpfe Winkel			
überstumpfe Winkel			

4. Miss die Größe der Winkel. Schätze ihre Größe vorher.

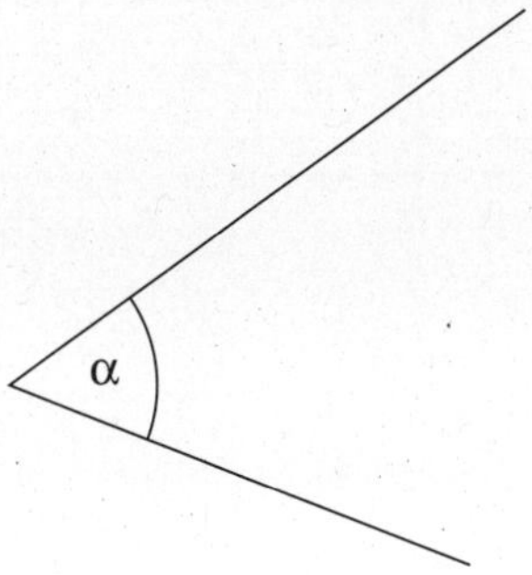

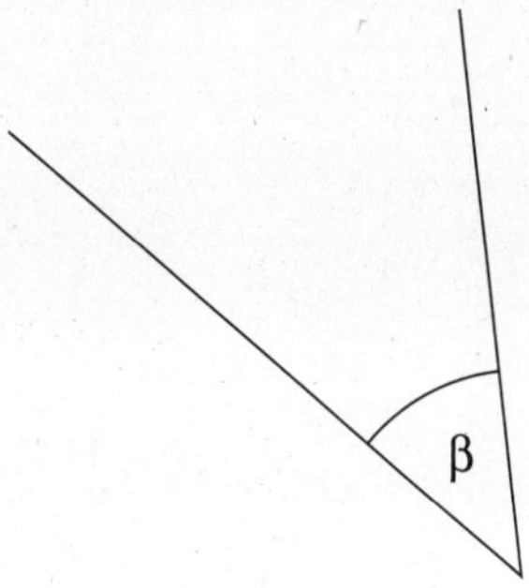

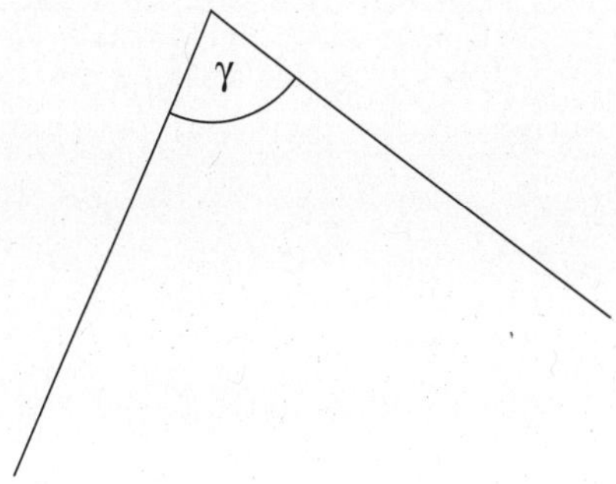

geschätzt: α = ________ β = ________ γ = ________

gemessen: α = ________ β = ________ γ = ________

5. Kennzeichne farbig den überstumpfen Winkel. Miss die Größe aller Winkel.

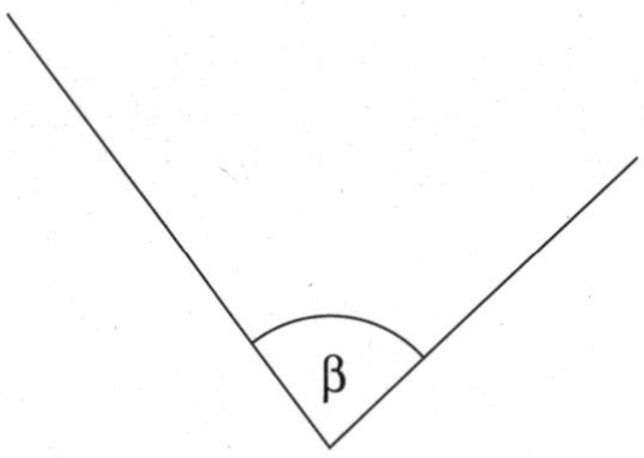

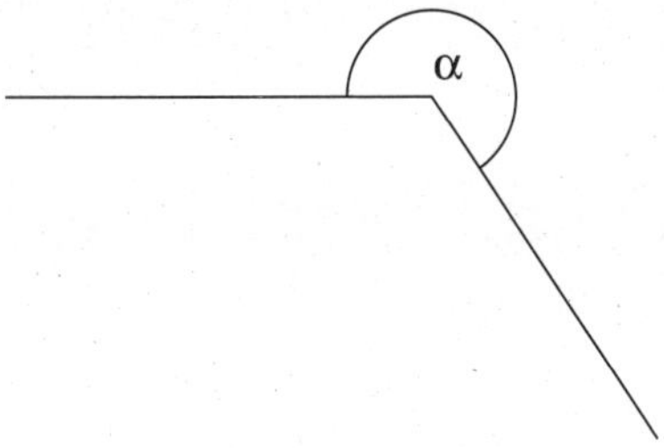

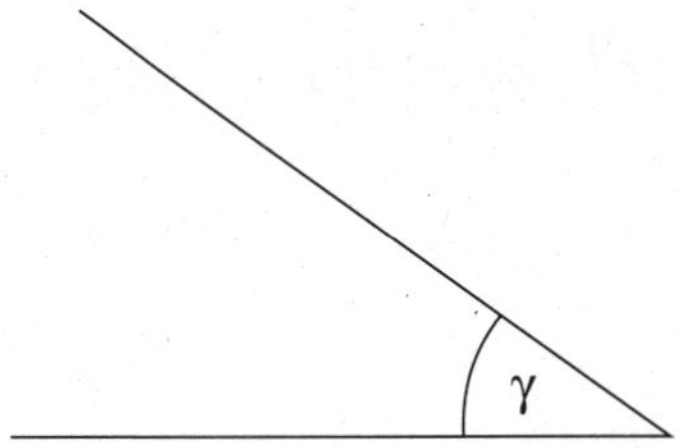

β = ________ α = ________ γ = ________

6. Miss die Größe der Winkel.

a)

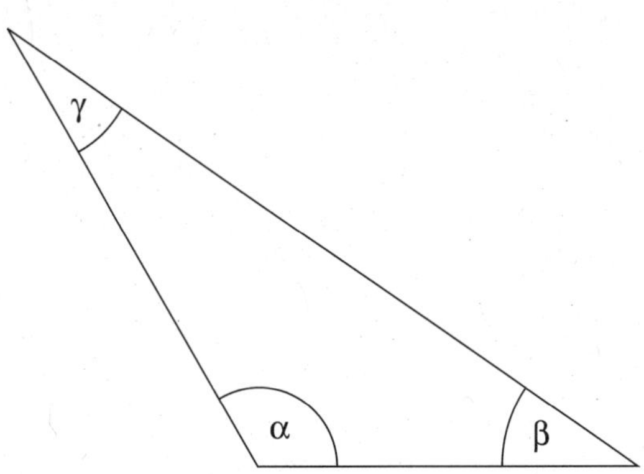

b)

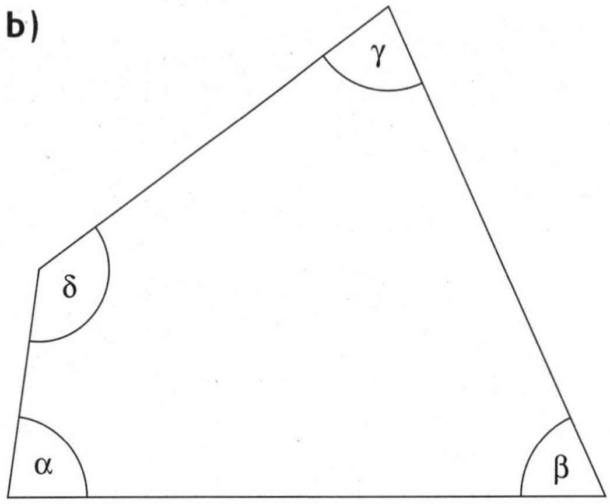

a) α = ______ β = ______ γ = ______

b) α = ________ β = ________ γ = ________ δ = ________

7. Zeichne die Winkel $\alpha = 76°$, $\beta = 118°$, $\gamma = 64°$, $\delta = 95°$ mit dem Scheitelpunkt S.

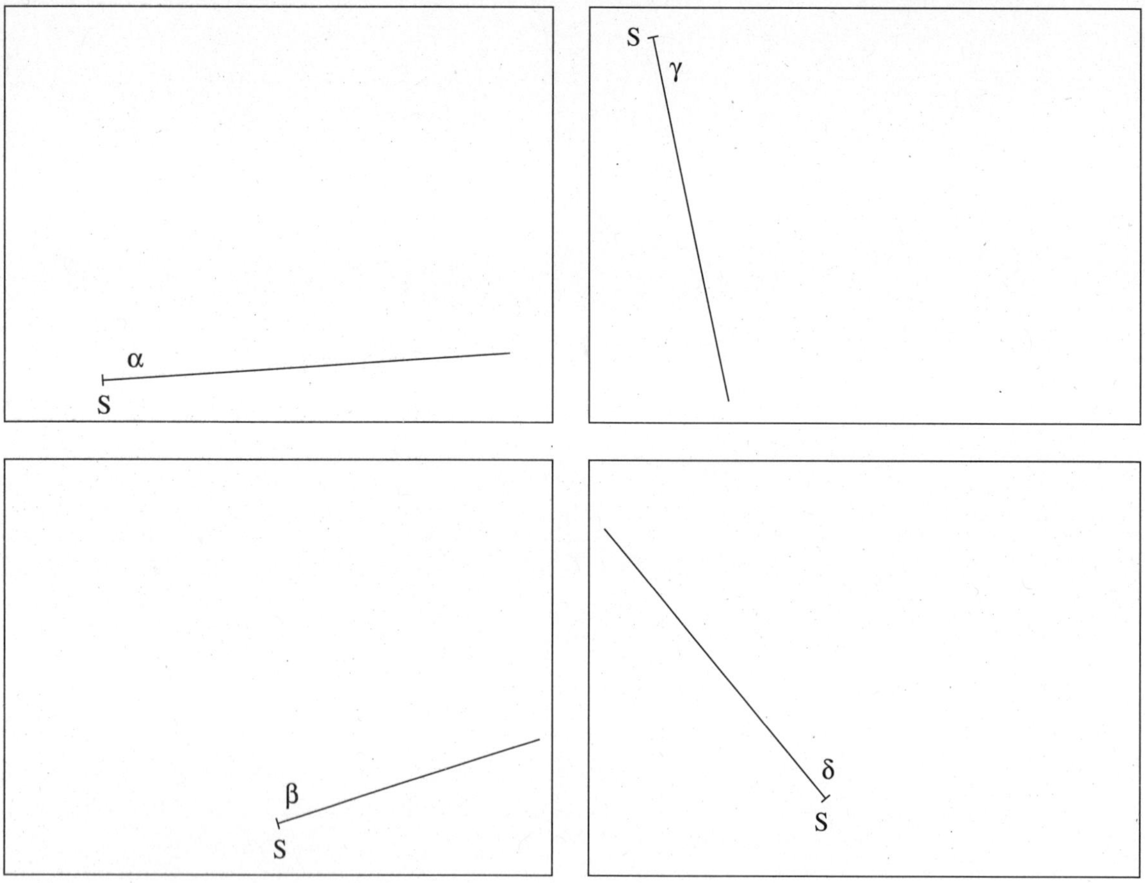

8. Die Abbildung zeigt den Streckenverlauf eines Orientierungslaufes. Miss an den Anlaufpunkten die Winkel, durch die die Richtungsänderungen gegeben sind.

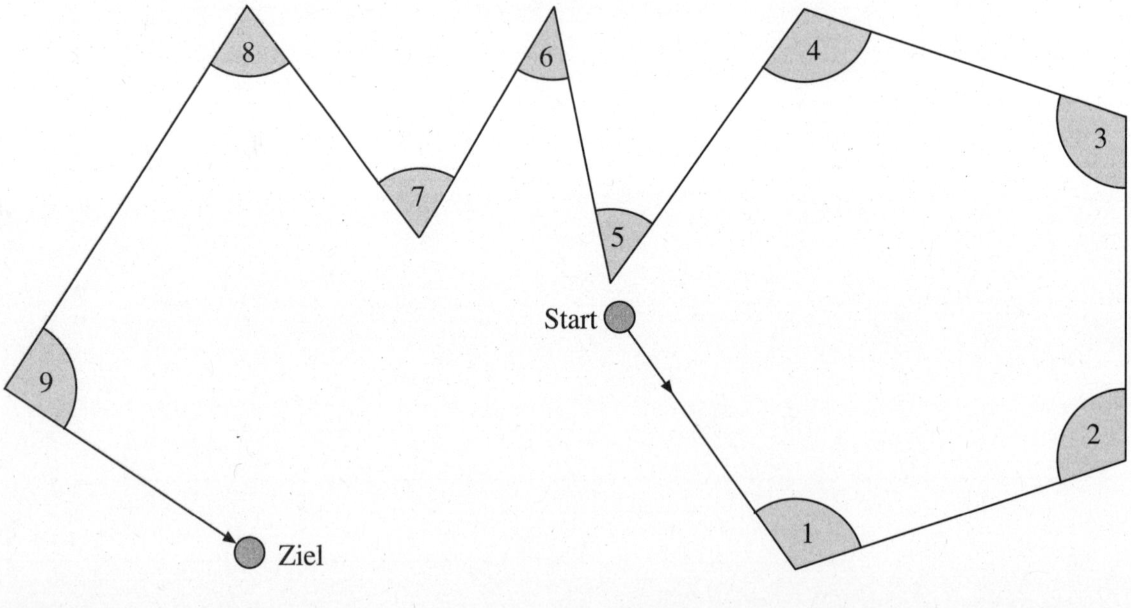

Winkel	1	2	3	4	5	6	7	8	9
Winkelgröße									

Punktspiegelung – Punktsymmetrie

1. Setze durch Punktspiegelung fort.

a)

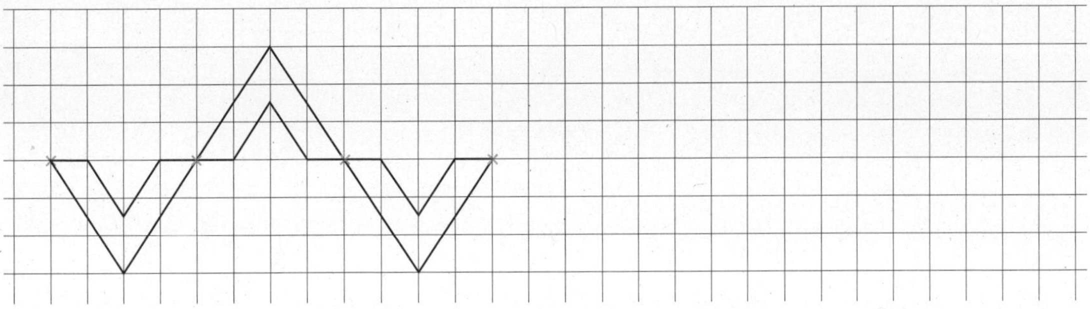

b)

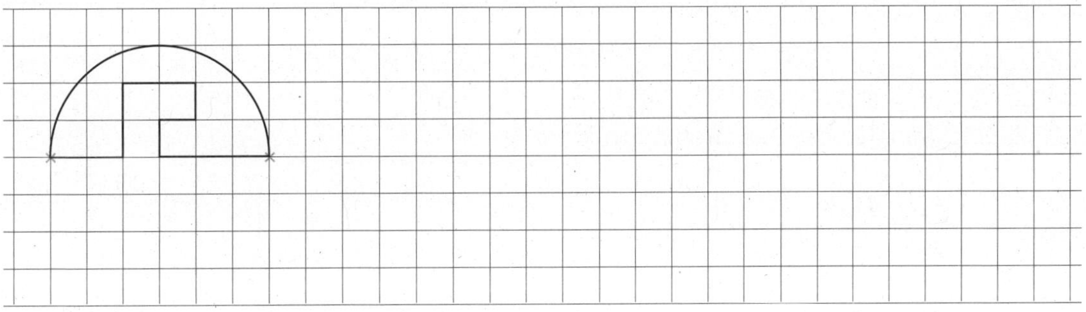

2. Ergänze zu einer punktsymmetrischen Figur.

a)

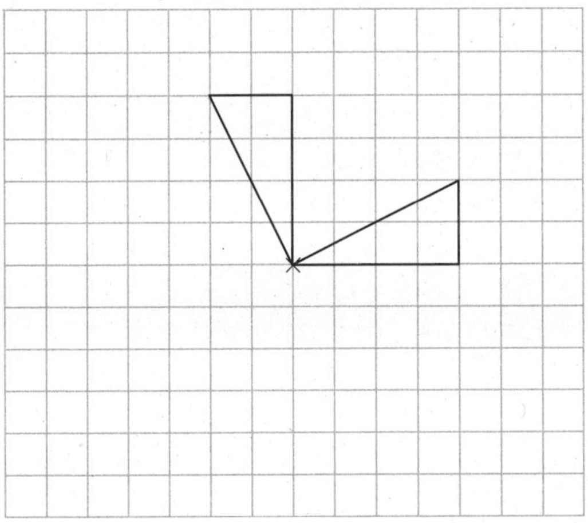

b)

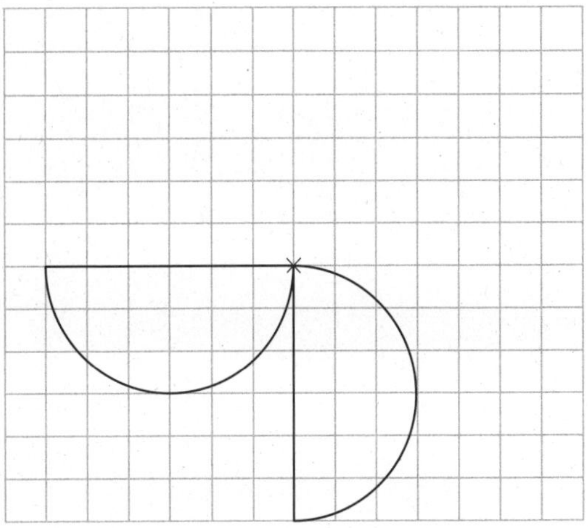

3. Notiere unter der Figur, ob sie punkt- (p) und/oder achsensymmetrisch (a) ist.

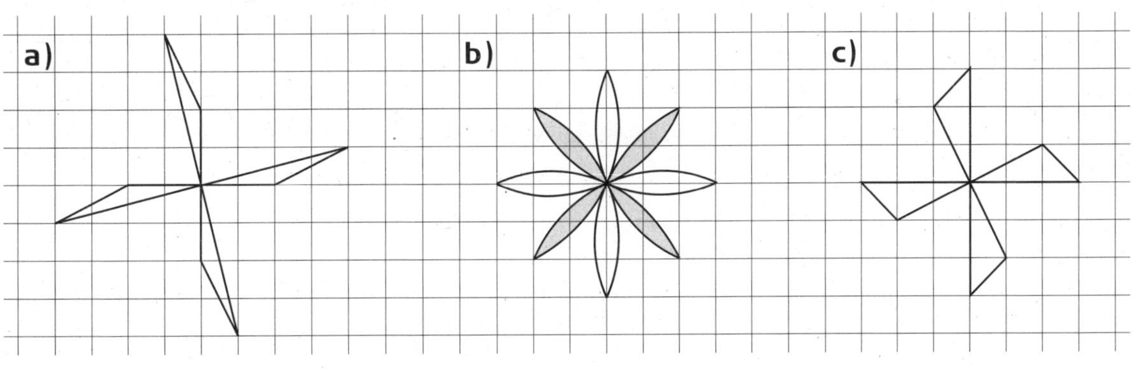

Drehung

1. Zeichne das Bild der Figur bei einer Drehung um 180°, das Drehzentrum ist Z.

a)

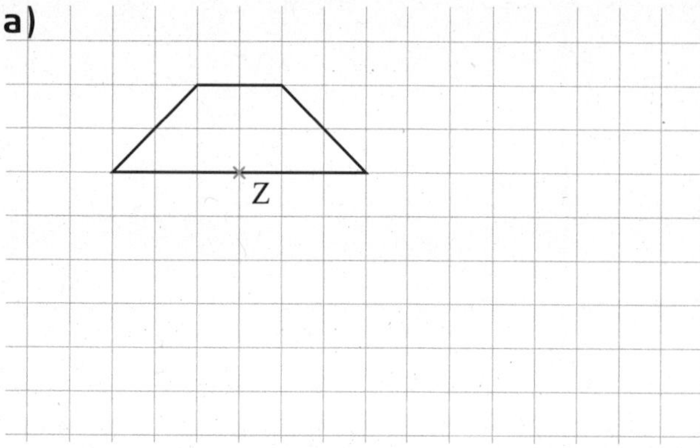

b)

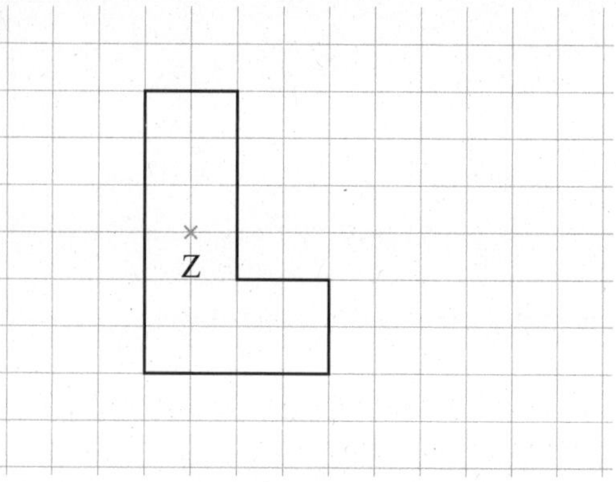

2. Fülle die Tabelle aus. Das Drehzentrum ist Z.

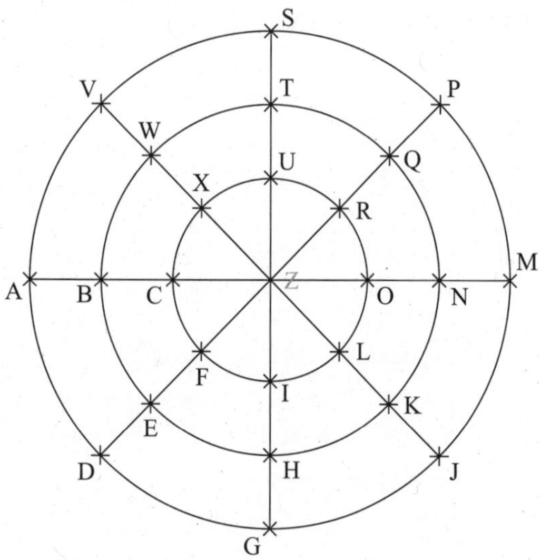

	Bildpunkt bei der Drehung um			
Originalpunkt	90°	135°	225°	315°
A				
E				
L				
P				
T				
U				
X				
Z				

3. Zeichne das Bild der Figur bei der Drehung um den vorgegebenen Drehwinkel.
Das Drehzentrum ist Z,

a) um 90°

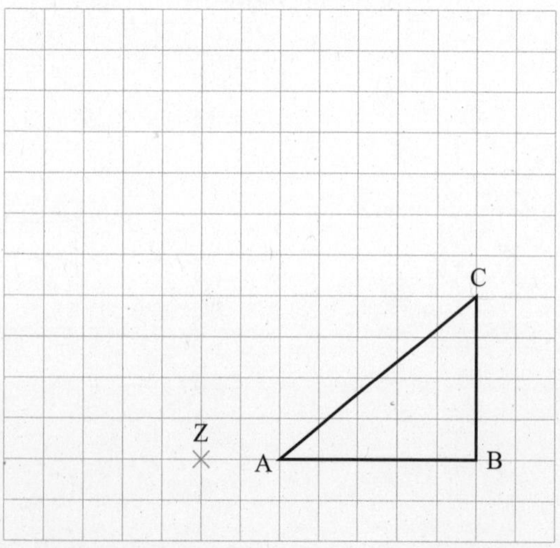

b) um 100°

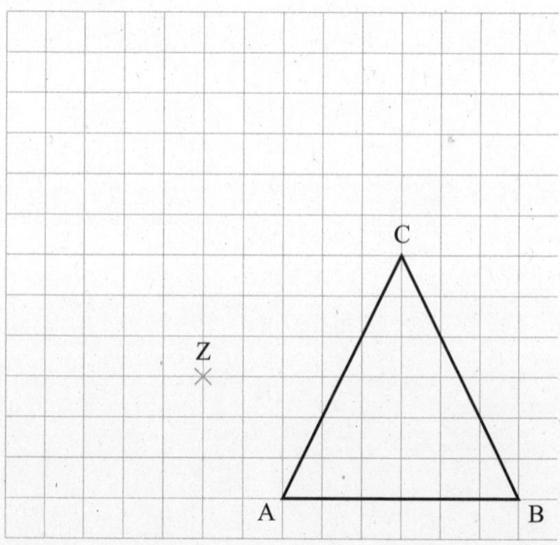

4. Bruchzahlen – Multiplizieren und Dividieren

Vervielfachen und Teilen von gewöhnlichen Brüchen

1. Fülle die Lücken aus.

a) $\frac{2}{3} \cdot 7 = \square$ **c)** $\frac{5}{7} \cdot \square = \frac{55}{7}$ **e)** $\square \cdot 9 = \frac{27}{4}$

b) $\frac{3}{5} \cdot 12 = \square$ **d)** $\frac{4}{9} \cdot \square = \frac{32}{9}$ **f)** $\square \cdot 13 = \frac{65}{4}$

2. a) das 7-Fache von $\frac{3}{8}$ *l*: ______ **c)** das 12-Fache von $\frac{2}{5}$ m: ______ **e)** das 4-Fache von $\frac{7}{10}$ *l*: ______

b) das 5-Fache von $\frac{3}{4}$ kg: ______ **d)** das 15-Fache von $\frac{7}{8}$ kg: ______ **f)** das 9-Fache von $\frac{2}{3}$ m: ______

3. a) $\frac{4}{5} : 3 = \square$ **c)** $\frac{3}{8} : \square = \frac{3}{40}$ **e)** $\square : 1 = \frac{9}{10}$

b) $\frac{7}{9} : 6 = \square$ **d)** $\frac{5}{6} : \square = \frac{5}{42}$ **f)** $\square : 7 = \frac{2}{21}$

4. Berechne den

a) 4. Teil von $\frac{1}{5}$ m; ______ **c)** 10. Teil von $\frac{3}{4}$ t; ______ **e)** 7. Teil von $\frac{2}{3}$ m; ______

b) 3. Teil von $\frac{5}{6}$ kg; ______ **d)** 5. Teil von $\frac{5}{7}$ *l*; ______ **f)** 9. Teil von $\frac{3}{4}$ kg. ______

5.

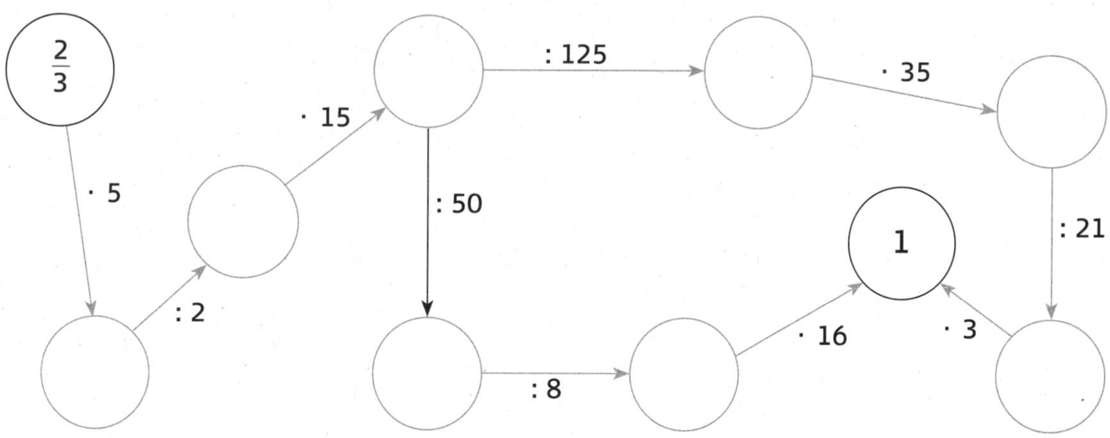

6. Addiere zum 8-Fachen von $\frac{1}{12}$ den 4. Teil von $\frac{4}{3}$.

______

Multiplizieren und Dividieren von gewöhnlichen Brüchen

1. Berechne. Färbe die Felder, die zu den Ergebnissen gehören.

a) $\frac{4}{9} \cdot \frac{3}{5} =$ ______ = ____

b) $\frac{5}{12} \cdot \frac{13}{25} =$ ______ = ____

c) $\frac{27}{28} \cdot \frac{4}{9} =$ ______ = ____

d) $\frac{26}{18} \cdot \frac{8}{13} =$ ______ = ____

e) $\frac{11}{25} \cdot \frac{75}{33} =$ ______ = ____

f) $\frac{4}{15} \cdot \frac{45}{80} =$ ______ = ____

g) $\frac{19}{24} \cdot \frac{12}{5} =$ ______ = ____

h) $\frac{77}{36} \cdot \frac{27}{55} =$ ______ = ____

i) $\frac{72}{63} \cdot \frac{49}{81} =$ ______ = ____

k) $\frac{38}{2} \cdot \frac{4}{57} =$ ______ = ____

$\frac{3}{4}$	$\frac{21}{20}$	$\frac{3}{20}$	$\frac{3}{7}$	$\frac{4}{7}$
$\frac{20}{21}$	$\frac{4}{3}$	$\frac{5}{20}$	$\frac{5}{15}$	$\frac{1}{15}$
$\frac{5}{6}$	$\frac{4}{15}$	$\frac{8}{9}$	2	$\frac{1}{3}$
$\frac{7}{9}$	$\frac{19}{10}$	$\frac{56}{72}$	$\frac{13}{50}$	$\frac{8}{20}$
$\frac{1}{2}$	1	$\frac{56}{81}$	$\frac{13}{60}$	$\frac{14}{60}$

Schreibe die Ergebnisse heraus, die echte Brüche sind.

____

____

2. Fülle die Lücken aus.

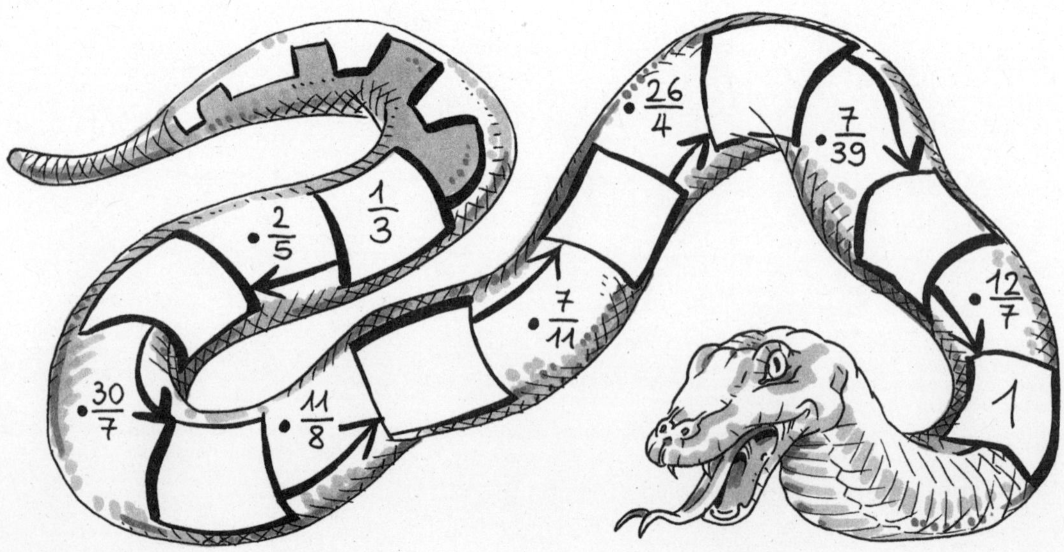

3. Berechne. Verbinde die zu den Ergebnissen gehörenden Punkte in der Reihenfolge der Aufgaben.

a) $\frac{1}{3} : \frac{1}{2} =$ ________ = ______

b) $\frac{2}{5} : \frac{4}{10} =$

c) $\frac{3}{7} : \frac{1}{5} =$

d) $\frac{5}{8} : \frac{5}{16} =$

e) $\frac{7}{15} : \frac{28}{45} =$

f) $\frac{14}{9} : \frac{35}{27} =$

g) $\frac{21}{12} : \frac{28}{15} =$

h) $\frac{9}{8} : \frac{3}{4} =$

i) $\frac{35}{49} : \frac{45}{14} =$

k) $\frac{13}{25} : \frac{26}{125} =$

l) $\frac{7}{14} : \frac{25}{5} =$

m) $\frac{56}{81} : \frac{7}{9} =$

n) $\frac{15}{6} : \frac{45}{24} =$

o) $\frac{91}{18} : \frac{13}{3} =$

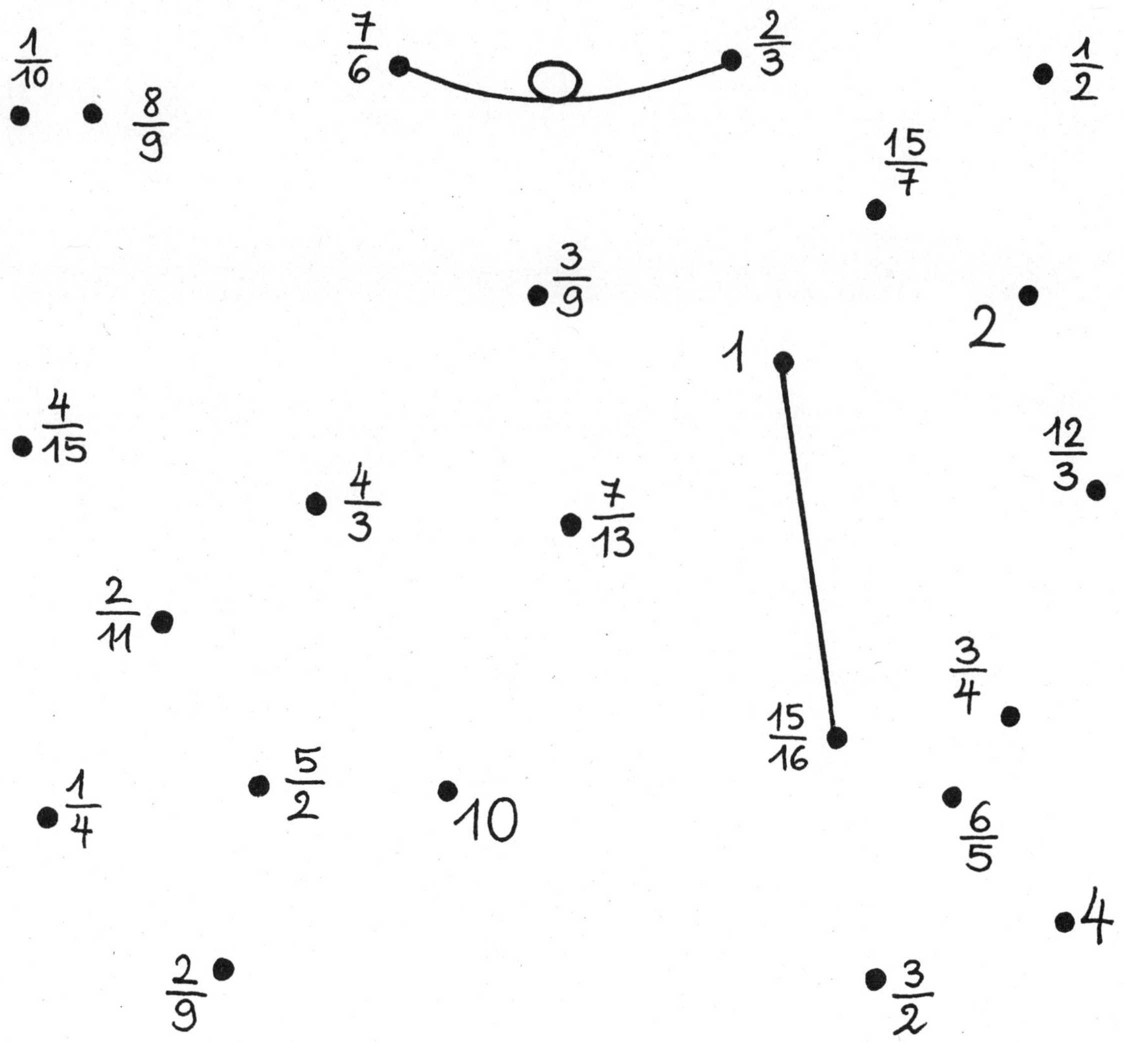

4. a)

·	$\frac{1}{3}$	$\frac{3}{4}$	$\frac{5}{6}$	
$\frac{2}{3}$				
$\frac{1}{4}$				$\frac{7}{40}$
$4\frac{3}{5}$				

b)

:	$\frac{2}{3}$	$\frac{1}{4}$	$\frac{3}{5}$	$\frac{9}{10}$
$\frac{1}{3}$				
		3		
$3\frac{4}{5}$				

5. Schreibe das Ergebnis in das darüber liegende Kästchen.

a) Multipliziere.

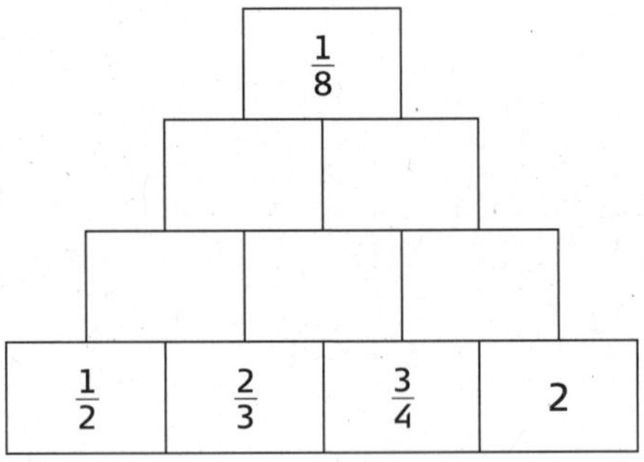

b) Dividiere.

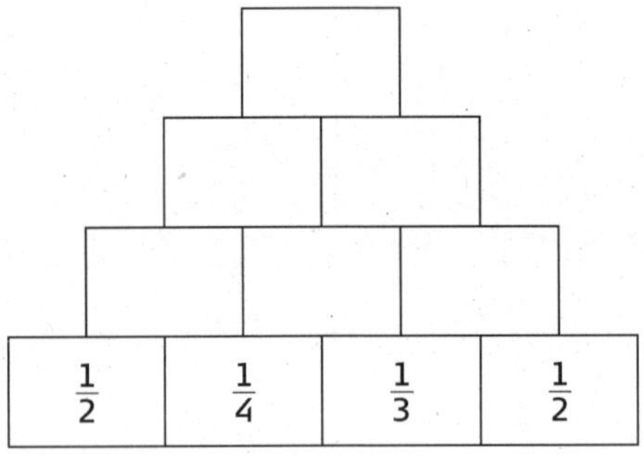

6. Suche die passenden Brüche und vervollständige die Aufgabe.

a) $\frac{9}{10} = \frac{3}{5} \cdot \square$

b) $\frac{8}{15} = \frac{2}{3} \cdot \square$

c) $\frac{16}{25} = \square \cdot \frac{8}{5}$

d) $\frac{14}{27} = \square \cdot \frac{7}{3}$

e) $\frac{49}{24} = \square \cdot \bigcirc$

f) $\frac{32}{45} = \square \cdot \bigcirc$

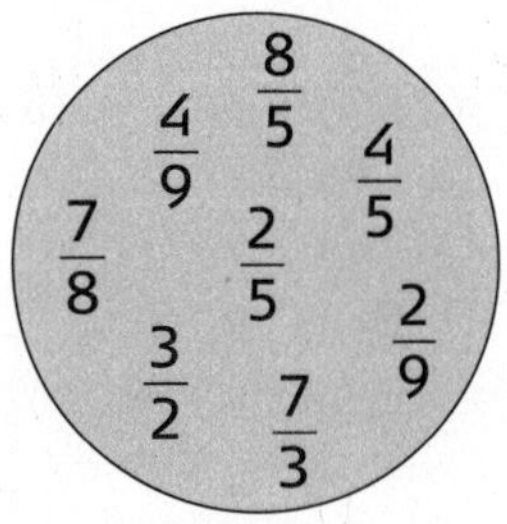

7. Die äußere Zahl wird mit der inneren Zahl multipliziert. Das Ergebnis steht im Zentrum.

a)

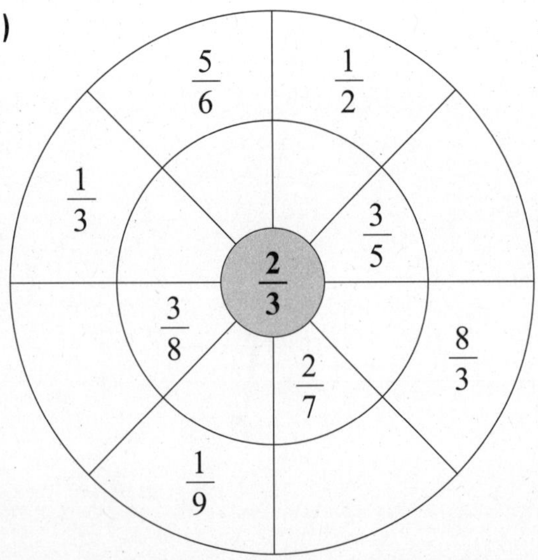

b)

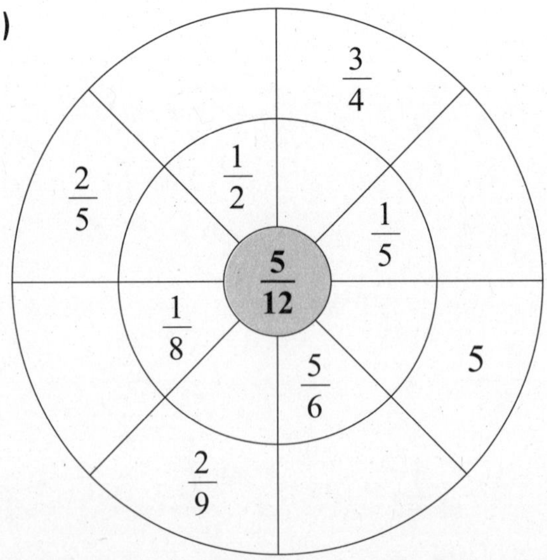

Vervielfachen und Teilen von Dezimalbrüchen

1.

a	a · 10	a · 100	a · 1000	a : 10	a : 100
1,052					
12,8					
0,18					
36,84					
3,03					

2. Berechne

a) das 20-Fache von 1,8 *l*; ____________

b) das 9-Fache von 0,33 *l*; ____________

c) den 5. Teil von 2,5 *l*; ____________

d) den 3. Teil von 0,75 *l*; ____________

e) das 300-Fache von 0,75 *l*; ____________

f) den 6. Teil von 0,3 *l*. ____________

3. **a)** **b)** **c)**

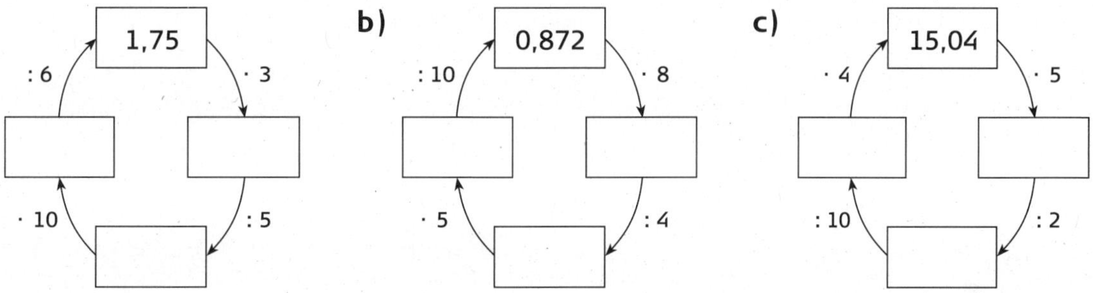

4. Immer zwei Aufgaben haben dasselbe Ergebnis. Verbinde diese Aufgaben.

5 · 1,8 | 0,15 · 40 | 25 · 0,5 | 0,9 · 15 | 6 · 2,25 | 8,4 : 4

0,2 · 30 | 7 : 5 | 1,5 · 6 | 0,35 · 4 | 37,5 : 3 | 3 · 0,7

5. Fülle die Lücken aus.

a) 17,6 $\xrightarrow{:2}$ ☐ $\xrightarrow{\cdot 6}$ ☐ $\xrightarrow{:4}$ ☐ $\xrightarrow{\cdot 20}$ ☐ $\xrightarrow{:100}$ 2,64

b) 4,7 $\xrightarrow{\cdot 3}$ ☐ $\xrightarrow{:6}$ ☐ $\xrightarrow{\cdot 4}$ ☐ $\xrightarrow{:8}$ ☐ $\xrightarrow{\cdot 4}$ 4,7

Multiplizieren und Dividieren von Dezimalbrüchen

1. Fülle die Tabelle aus.

a)

·	10	100	0,1	0,04
0,9				
1,6				
0,04				
15				
3,0				

b)

·	10	0,5	0,08
0,5			
30			
	12		
			0,32
		1,0	

2. Multipliziere zeilen- und spaltenweise.

a)

0,06	4	
5	0,8	

b)

	0,4	1,6
0,2		0,2

c)

	0,5	4,5
	0,1	0,3

d)

	2	1,4
	0,2	
		0,84

3. Im Ergebnis fehlt das Komma und manchmal fehlen auch Nullen.
Mache einen Überschlag, bevor du das Ergebnis korrigierst.

a) Ü: ________________

16,08 : 2,4 = 6 7

b) Ü: ________________

45,5 : 25 = 1 8 2

c) Ü: ________________

7,64 : 0,4 = 1 9 1

d) Ü: ________________

0,78 : 0,2 = 3 9

e) Ü: ________________

0,364 : 1,3 = 2 8

f) Ü: ________________

11,76 : 56 = 2 1

4. Die äußere Zahl wird durch die innere Zahl dividiert. Das Ergebnis steht im Zentrum.

a)

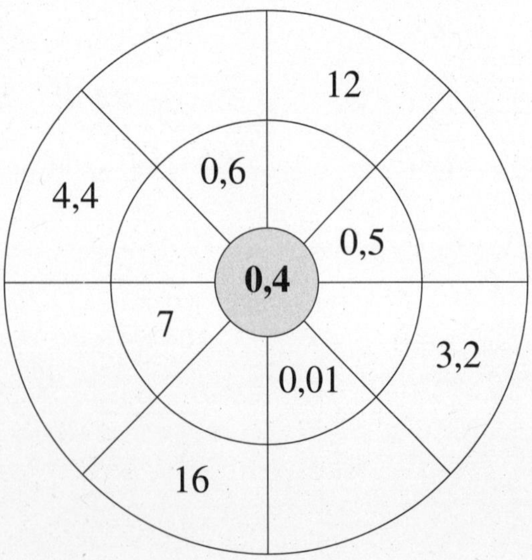

b)

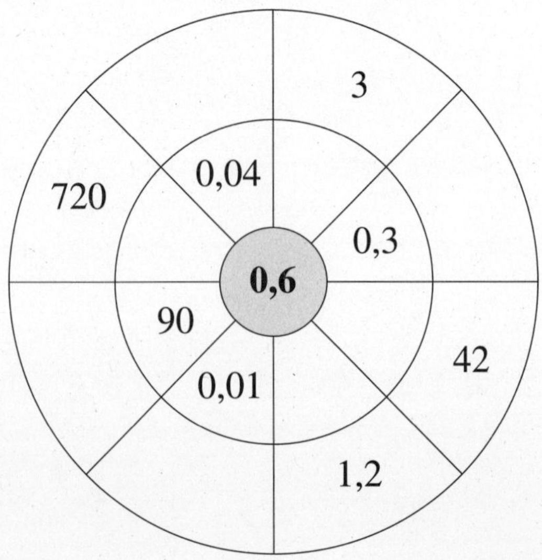

5. *Rechenschlange*

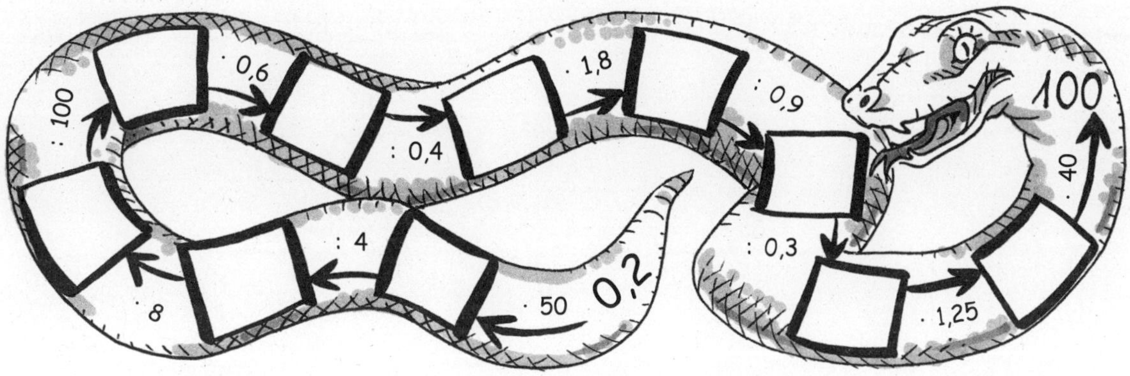

6. a)

0,6 —· 1,5→ [ ] —· 0,2→ [ ] —· 4→ [ ] —· 0,02→ [ ]

0,6 —: 1,5→ [ ] —: 0,2→ [ ] —: 4→ [ ] —: 0,02→ [ ]

b)

4,5 —· 0,1→ [ ] —: 0,5→ [ ] —: 0,01→ [ ] —· 0,5→ [ ]

4,5 —· 0,5→ [ ] —: 0,01→ [ ] —· 0,1→ [ ] —· 0,01→ [ ]

4,5 —· 0,01→ [ ] —: 0,1→ [ ] —: 0,5→ [ ] —· 0,1→ [ ]

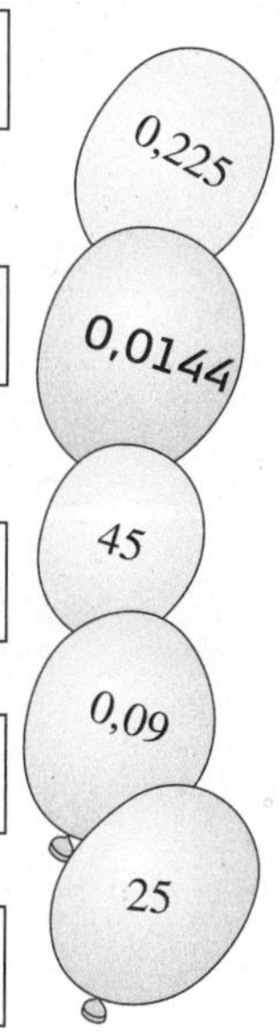

7. Fülle die Lücken aus.

a) 0,8 · [ ] = 0,72 **c)** 1,7 · [ ] = 0,51 **e)** 0,8 : [ ] = 0,2 **g)** 1,8 : [ ] = 9

b) 2,4 · [ ] = 9,6 **d)** 1,2 · [ ] = 1,44 **f)** 2,3 : [ ] = 23 **h)** 81 : [ ] = 90

8. Rechne geschickt.

a) 5,0 · 3,5 · 0,2 = ______	O		**e)** 0,125 · 0,03 · 80 = ______	Q
b) 1,25 · 4,2 · 8 = ______	N		**f)** 40 · 1,08 · 0,25 = ______	I
c) 0,04 · 1,8 · 25 = ______	U		**g)** 0,1 · 30 · 4,1 = ______	E
d) 0,25 · 2,3 · 8 = ______	T		**f)** 200 · 1,3 · 0,5 = ______	T

Ordne vom kleinsten zum größten Ergebnis. Schreibe in dieser Reihenfolge die Buchstaben auf.

Lösungswort: ______________________

Berechnungen an Rechtecken

1. Berechne Flächeninhalt und Umfang der Rechtecke mit folgenden Seitenlängen.

a) a = 8 cm, b = 12 cm

A = 8 cm · 12 cm

A = ______________________

b) l = 2,6 cm, m = 12,3 cm

A = ______________________

A = ______________________

c) a = 3,2 cm, b = 15,6 dm

A = ______________________

A = ______________________

d) p = 0,3 dm, b = 72 mm

A = ______________________

A = ______________________

2. Bevor du die fehlenden Größen ergänzt, überlege dir, wie du sie berechnen kannst.

	a)	b)	c)	d)	e)	f)	g)	h)
Länge	5 cm	11 cm	13 m	11 cm	25 mm	4,5 cm		6,6 m
Breite	8 cm	7 cm	9 m		16 mm	2,0 cm	5 m	5,0 m
Flächeninhalt A				121 cm^2			85 m^2	
Umfang u								

3. Familie Berger möchte den Fußboden in einem Teil ihrer Wohnung erneuern. Dafür haben sie die Räume ausgemessen.

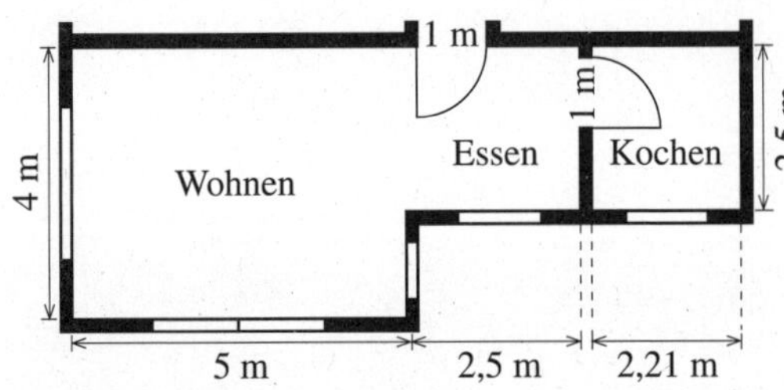

Flächeninhalt des Wohnzimmers ohne Essplatz:

A = ______________________

Flächeninhalt des Essplatzes:

A = ______________________

Flächeninhalt der Küche:

A = ______________________

Wohnzimmer mit Essplatz und die Küche sollen

a) mit quadratischen Korkplatten von 50 cm Seitenlänge ausgelegt werden.

Man braucht ______________________ Platten.

b) mit einer Fußbodenleiste versehen werden. Man braucht ____________ m Leisten.

Berechnungen an Quadern

1. Berechne das Volumen des Quaders.

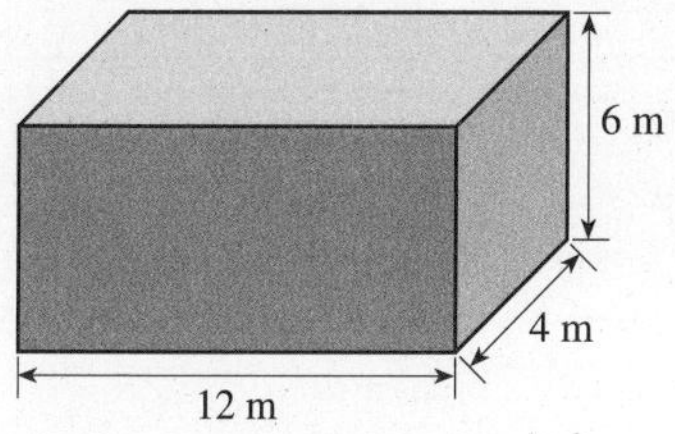

V = ____________________

V = ____________________

V = ____________________

2. Berechne die Oberflächeninhalte der Quader mit folgenden Kantenlängen, ohne zu runden.

a) a = 14 cm; b = 5 cm; c = 21 cm

O = 2 · (____________________)

O = ____________________ O = ____________

b) l = 2,5 m; b = 130 cm; h = 17 dm

O = ____________________

O = ____________________ O = ____________

c) x = 16 mm; y = 2,3 cm; z = 0,2 dm

O = ____________________

O = ____________________ O = ____________

3. a) Unterteile den Körper in Teilquader. Schreibe an alle Kanten die passenden Längen.

b) Berechne das Volumen des zusammengesetzten Körpers. Rechne auf einem Zettel und trage die Ergebnisse hier ein.

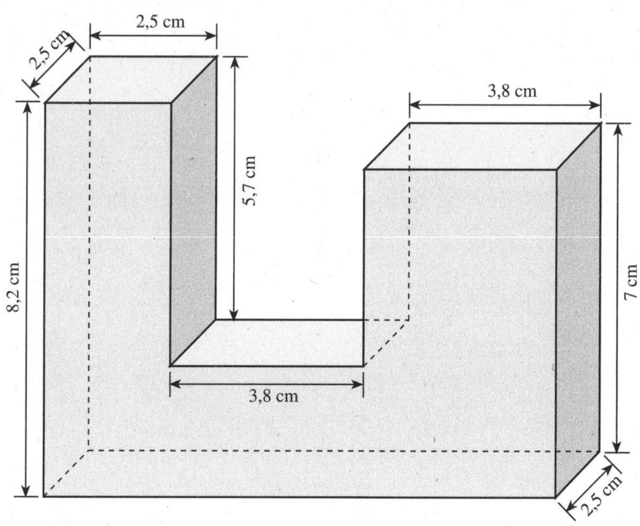

Volumen des 1. Quaders:

____

Volumen des 2. Quaders:

____

Volumen des 3. Quaders:

____

Volumen des zusammengesetzten Körpers:

____

Verbindung mehrerer Rechenoperationen

1. Fülle die Lücken aus. Schreibe danach zu jedem Rechenbaum eine Aufgabe.

a)

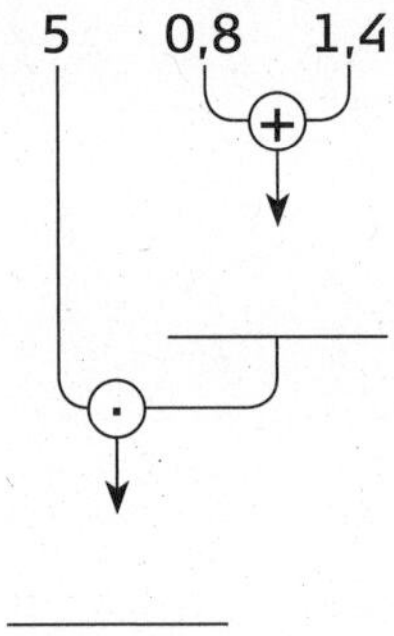

Aufgabe: ____________________

c)

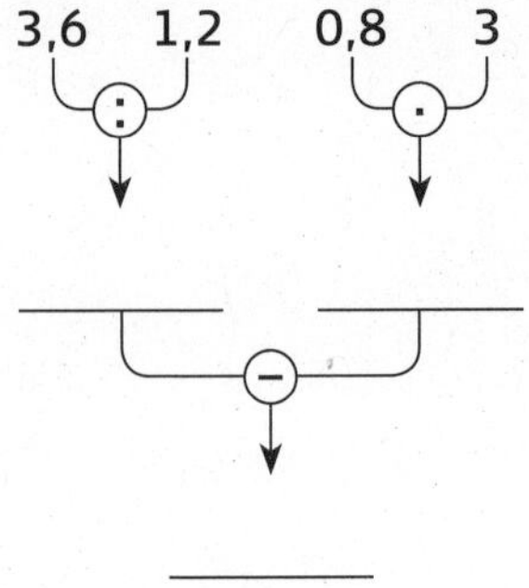

Aufgabe: ____________________

b)

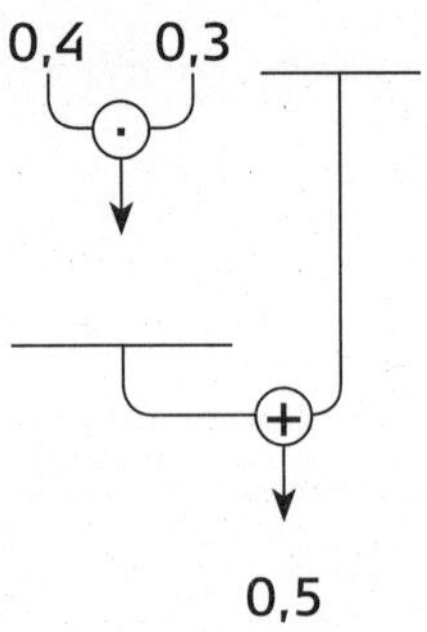

Aufgabe: ____________________

d)

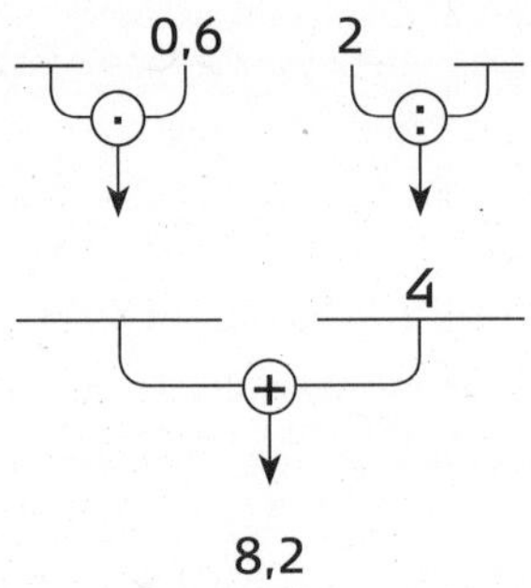

Aufgabe: ____________________

2. Beachte die Klammern. Denke auch an „Punkt vor Strich".

a) $5{,}2 + 0{,}4 : 0{,}4 + 0{,}4 =$ ____________

b) $5{,}2 + 0{,}4 : (0{,}4 + 0{,}4) =$ ____________

c) $(5{,}2 + 0{,}4) : 0{,}4 + 0{,}4 =$ ____________

d) $(5{,}2 + 0{,}4) : (0{,}4 + 0{,}4) =$ ____________

e) $2 : \frac{2}{5} + \frac{1}{5} =$ ____________

f) $2 : (\frac{2}{5} + \frac{1}{5}) =$ ____________

3. *Rechenschlange*

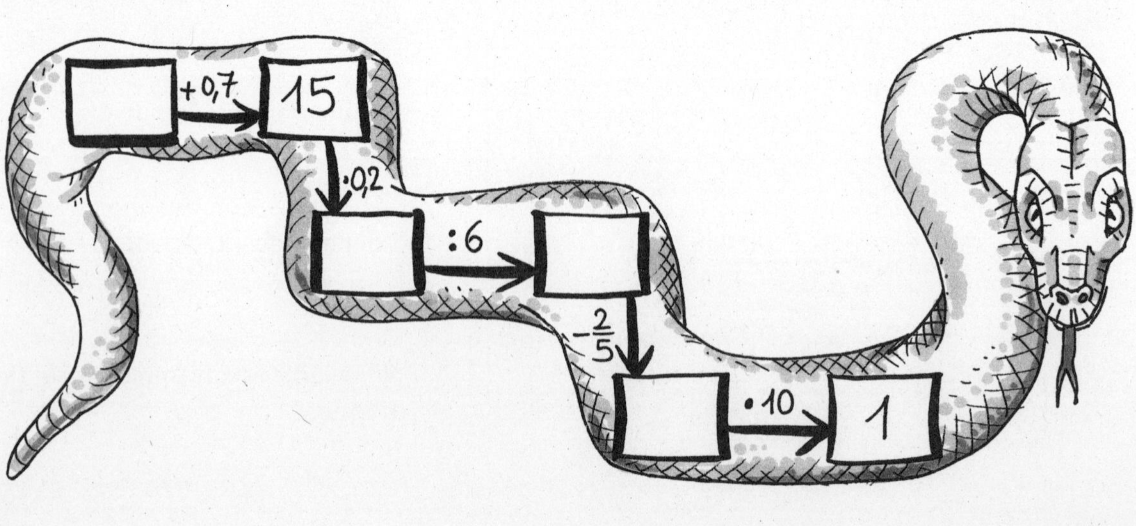

4. Ergänze die Tabelle.

x	y	3 · (x − y)	3 · x − y	(x + y) : (x − y)
0,6	0,4			
2,5	1,8			
3,7	1,2			
1,25	0,75			
0,25	0,05			
5,28	2,08			
	1,2	0		
0,2			0,5	

5. Rechne vorteilhaft im Kopf.

a) 2,5 · 8 · 92 = ______ **d)** 8,7 + 6,5 + 1,3 = ______ **g)** 10,5 − 5 · 0,9 = ______

b) 50 · 83 · 0,4 = ______ **e)** 6,1 + 2,9 + 7,1 = ______ **h)** 6,5 + 4,5 : 1,5 = ______

c) 0,25 · 17 · 8 = ______ **f)** 9,7 − 4,5 + 1,3 = ______ **i)** 2,4 : 3 − 1,5 : 3 = ______

6. Bestimme die Lösung der Gleichung.

a) $x + \frac{3}{5} = 1$ ______

c) $x - \frac{6}{7} = 1$ ______

e) $\frac{2}{11} + x = 3$ ______

b) $x + \frac{2}{7} = \frac{9}{14}$ ______

d) $x - \frac{2}{3} = \frac{7}{15}$ ______

f) $4 - x = \frac{5}{9}$ ______

7. **a)** x + 0,3 = 2,2 ______

c) x : 1,5 = 4 ______

e) 7,9 − x = 2,8 ______

b) x − 2,4 = 3,7 ______

d) x · 0,6 = 6 ______

f) 3,5 · x = 17,5 ______

8. **a)** $x - \frac{4}{5} = 1{,}2$ ______

c) $x : \frac{1}{4} = 4{,}1$ ______

e) $\frac{3}{4} - x = 0{,}1$ ______

b) $x + 0{,}6 = \frac{3}{5}$ ______

d) $x \cdot 0{,}2 = \frac{1}{10}$ ______

f) $0{,}4 : x = \frac{4}{5}$ ______

Vermischte Übungen

1. Fülle die Lücken aus.

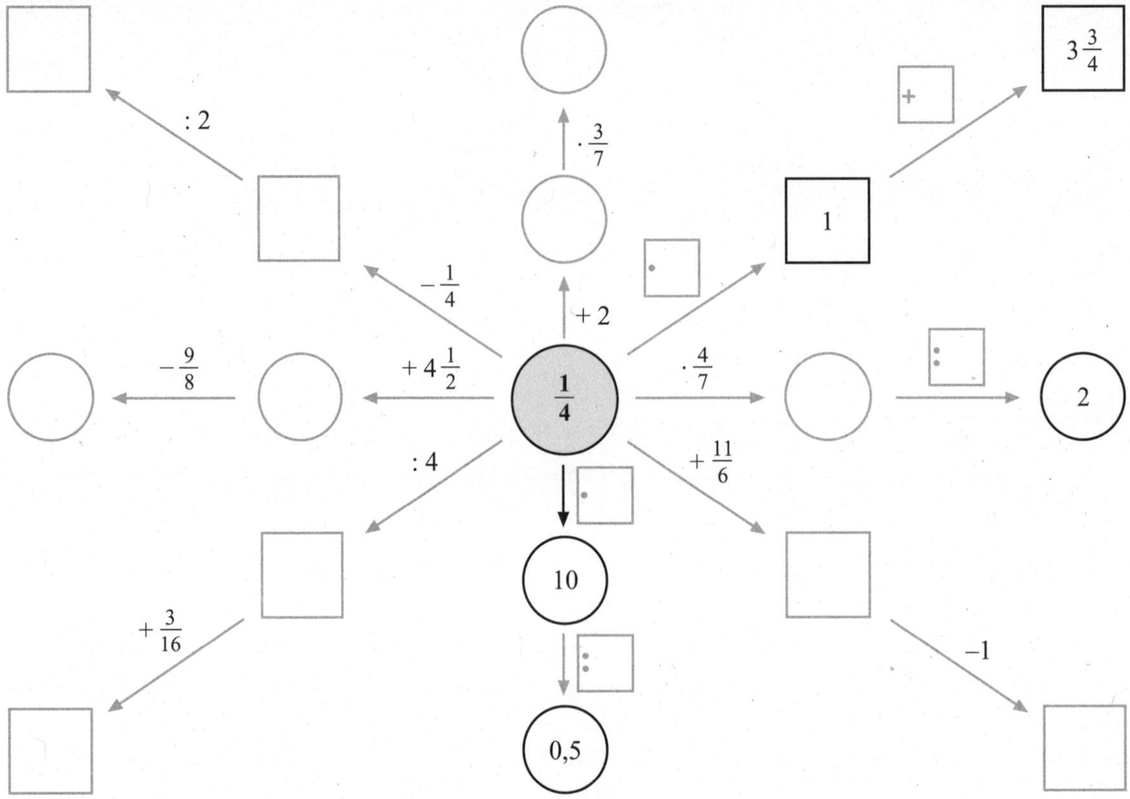

2. Rechne vorteilhaft im Kopf.

a) 2,5 · 4 · 92 = ______	**d)** 8,7 + 4,5 + 1,3 = ______	**g)** 9,5 − 5 · 0,9 = ______
b) 50 · 83 · 0,2 = ______	**e)** 5,1 + 2,9 + 7,1 = ______	**h)** 4,5 + 4,5 : 1,5 = ______
c) 0,25 · 13 · 8 = ______	**f)** 8,7 − 4,5 + 1,3 = ______	**i)** 2,7 : 3 − 1,2 : 3 = ______

3. Tanjas Mutter möchte neue Gardinen für das Kinderzimmer nähen. Das Fenster ist 1,20 m breit. Für die Gardinen nimmt man die 3fache Fensterbreite. 1 m Stoff kostet 13,50 €. Wie viel Euro muss Tanjas Mutter ausgeben?

4. Berechne, setze für $a = \frac{1}{2}$, b = 7,8 und c = 1,8.

a) 13,5 · a = ______________	**d)** 20,28 : a = ______________
b) 7,6 − a + b = ______________	**e)** a · c + b = ______________
c) 2 · a + 6 · c = ______________	**f)** b + c : a = ______________

Negative Zahlen

1. Lies die Temperatur ab und schreibe sie unter das Thermometer.

a) **b)** **c)** **d)** **e)** **f)**

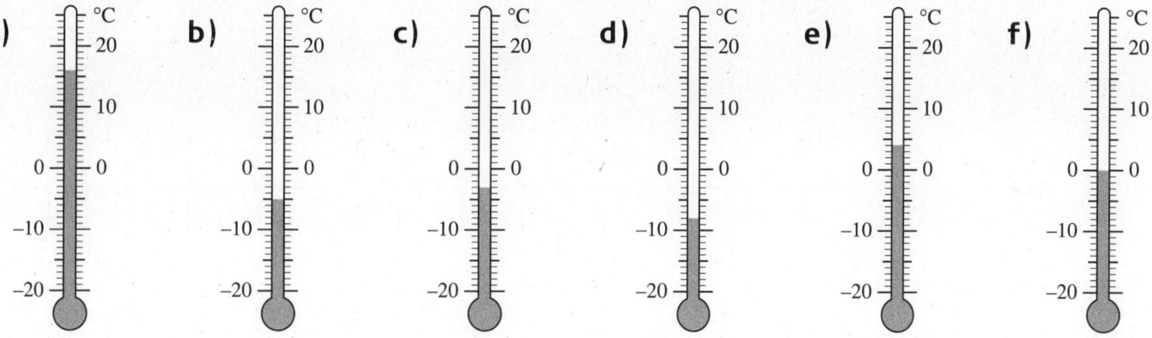

2. Schreibe die Temperaturen mithilfe der Vorzeichen + bzw. –.

a) 9° C über null = ______ **b)** 15° C unter null = ______ **c)** 24° C über null = ______

2° C unter null = ______ 37° C über null = ______ 30° C unter null = ______

3. Schreibe die Höhenangaben mithilfe der Vorzeichen + bzw. –.

a) Wiesbaden 115 m ü. NN = ______

Grund des Skagerrak 725 m u. NN = ______

Krummhörn 2 m u. NN = ______

Davos 1 561 m ü. NN = ______

b) Seespiegel des Toten Meeres 396 m u. NN = ______

Grund des Toten Meeres 829 m u. NN = ______

Chicago 3 m ü. NN = ______

K 2 8 607 m ü. NN = ______

4. Auf einer Wetterstation hat der Temperaturschreiber diesen Graphen gezeichnet. Lies die Temperaturen ab und fülle die Tabelle aus.

Zeitpunkt	Mittwoch 2 Uhr	6 Uhr	10 Uhr	14 Uhr	18 Uhr	20 Uhr	24 Uhr	Donnerst. 4 Uhr	8 Uhr
Temperatur									

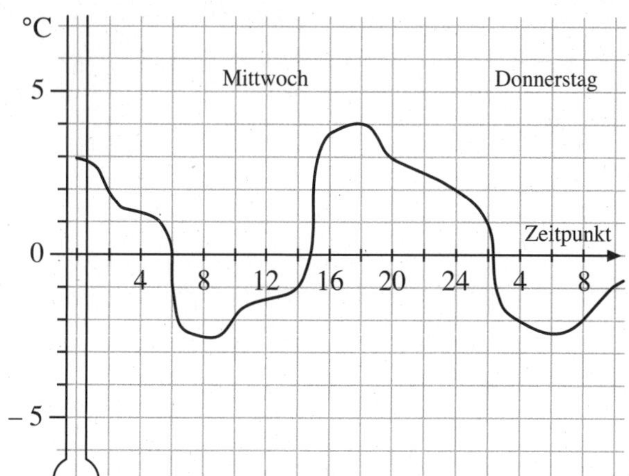

5. Auf welche Zahl zeigt der Pfeil?

a)

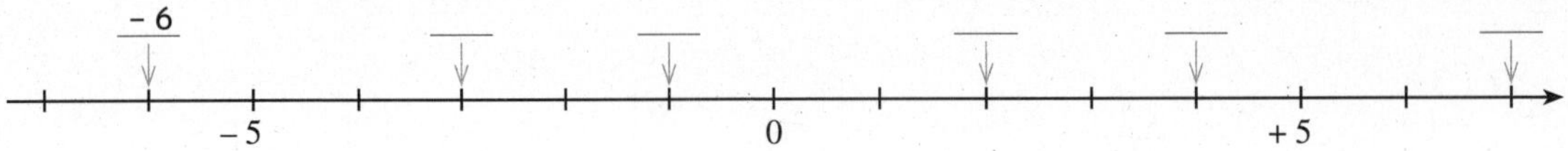

b)

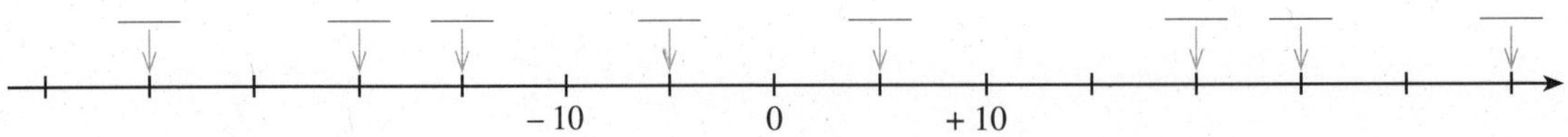

c)

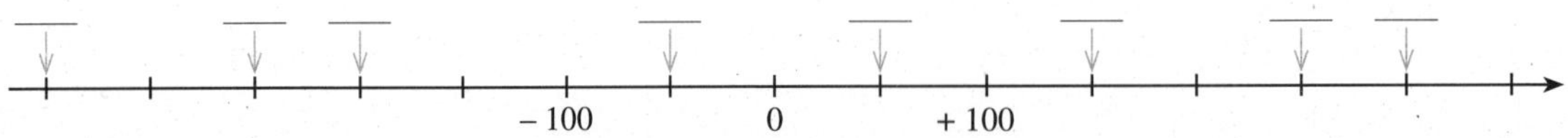

d)

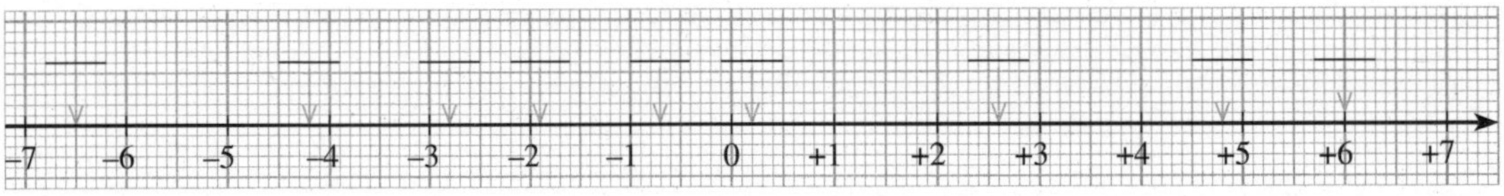

6. Markiere auf der Zahlengeraden folgende Zahlen durch Pfeile wie in Aufgabe 5.

a) + 4; – 9; – 4; + 7; + 9; – 1; + 6; – 8; + 3

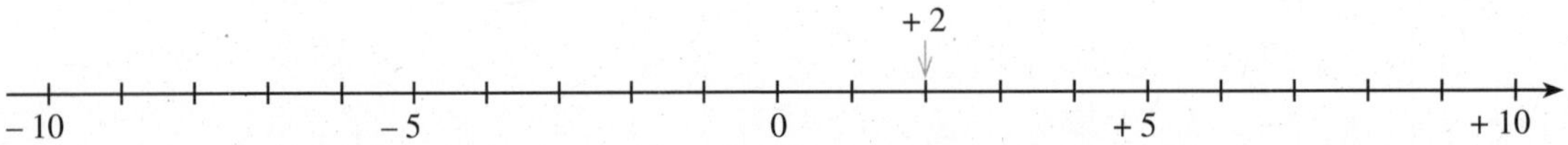

b) – 150; – 300; + 300; + 50; – 250; + 200; – 25; + 125; – 175

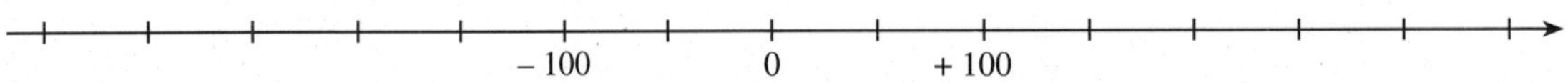

7. Wähle auf den Zahlengeraden geeignete Einheiten und markiere die Zahlen.

a) – 10; + 2; – 7; – 5; 0; + 3; – 4

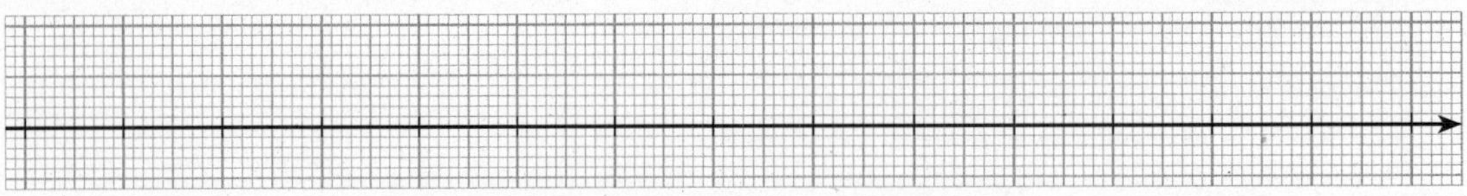

b) – 6,5; + 5,5; – 1,5; – 3; + 0,6; 0; + 4; – 0,5

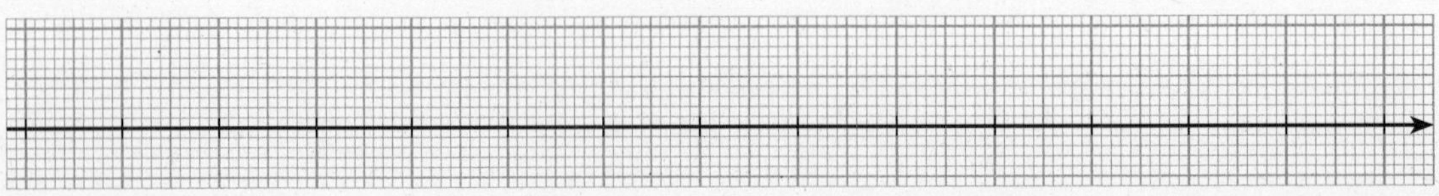

5. Zuordnungen in der Umwelt

1. Für eine Klassenfeier wollen Michael und Alexander Getränke einkaufen. Zunächst informieren sie sich über die Preise.
Damit das eingesammelte Geld auch reicht, legen sie Zuordnungstabellen an.

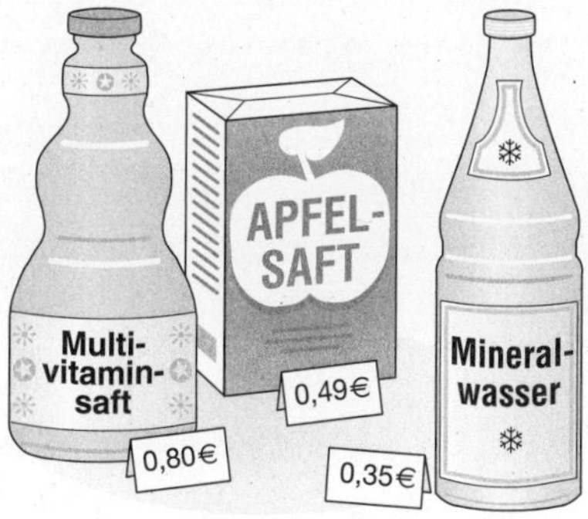

a) Fülle diese Tabellen aus.

(1) Multivitaminsaft | *(2) Apfelsaft* | *(3) Mineralwasser*

Anzahl der Flaschen	Preis (in €)	Anzahl der Packungen	Preis (in €)	Anzahl der Flaschen	Preis (in €)
1	0,80	1		1	
2		2		2	
3		3		3	
4		4		4	
5		5		5	

b) Sie haben 6,00 € zur Verfügung und sollen von jeder Sorte mindestens 3 Stück einkaufen. Was würdest du einkaufen? Begründe durch Rechnung.

Antwort: ______________________________

____

2. Lena hat verschiedene Bücherpakete gepackt. Im Internet fand sie folgende Tabelle zu den Versandpreisen.

Bücher, Broschüren, Notenblätter		
Standard	bis 20 g	0,45 €
Kompakt	bis 50 g	0,60 €
Groß	bis 500 g	0,85 €
Maxi	bis 1000 g	1,40 €
Päckchen		
	bis 2000 g	4,10 €
Paket		
	bis 10 kg	6,90 €
	bis 20 kg	10,90 €
	bis 31,5 kg	13,90 €

Ergänze die Tabelle für Lenas Bücherpakete.

Gewicht (in g)	Porto (in €)
30	
380	
1500	
2800	
740	
4730	
10340	
20670	
	0,85

3. Die Schweiz ist ein beliebtes Urlaubsland. Rechts hast du eine Umrechnungstabelle für Euro (EUR) und Schweizer Franken (CHF).

a) Fülle die Zuordnungstabelle aus.

€	CHF
10,00	
	50,00
	150,00
150,00	
	15,00
60,00	
40,00	
	200,00

Schweiz
Kurs:
100 EUR = 123,61 CHF
Stand: 15. August 2013

Franken	Euro	Euro	Franken
1	0,81	1	1,23
5	4,04	5	6,18
10	8,09	10	12,36
50	40,45	50	61,80
100	80,90	100	123,61
250	202,25	250	309,02
500	404,50	500	618,05
1000	808,99	1000	1236,10

b) Zeichne die Zuordnung *Euro → Schweizer Franken.*

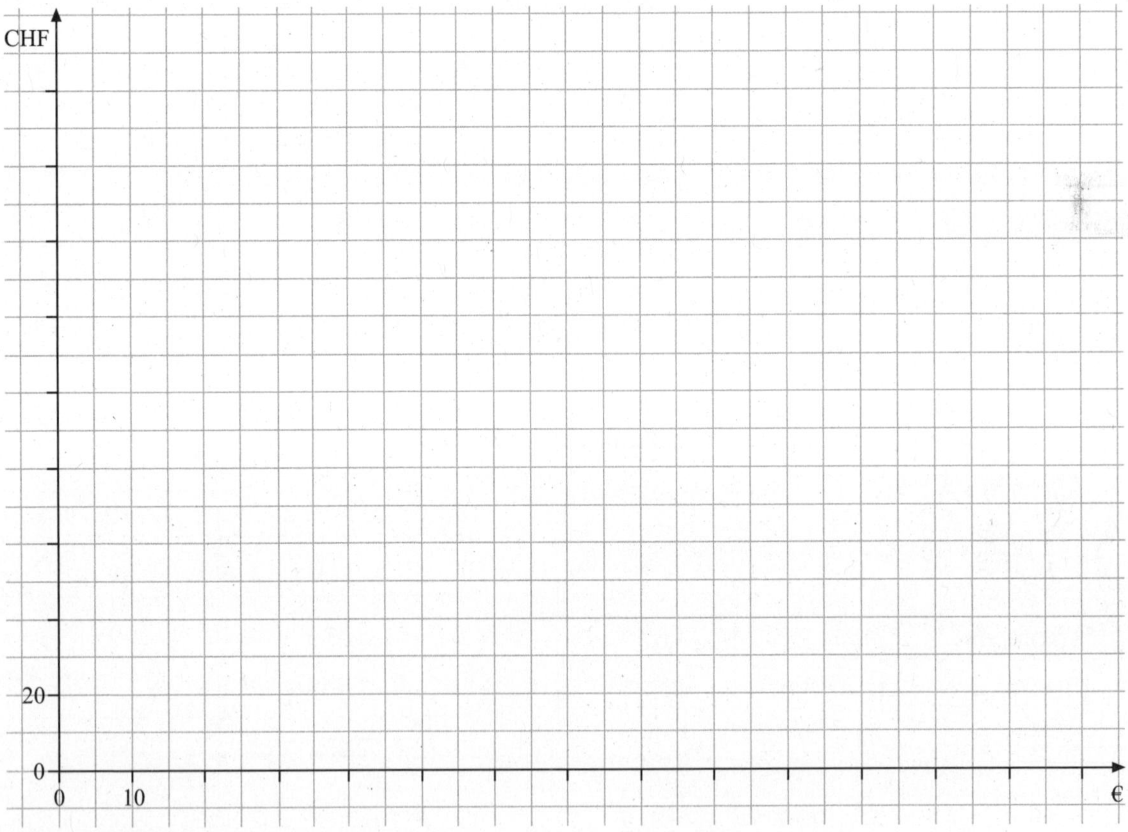

c) Herr Wenzel sagt: „Ich habe für 80 Euro 100 Schweizer Franken bekommen."
Was meinst du dazu?

Antwort: ______________________________

____

4. Eine Gärtnerei verkauft Sträucher für 9,00 € das Stück. Wenn man mehr als 3 Sträucher kauft, kostet jeder Strauch nur 7,00 €.

a) Lies die Preise im Koordinatensystem ab und trage sie in die Tabelle ein. Überprüfe durch Rechnung.

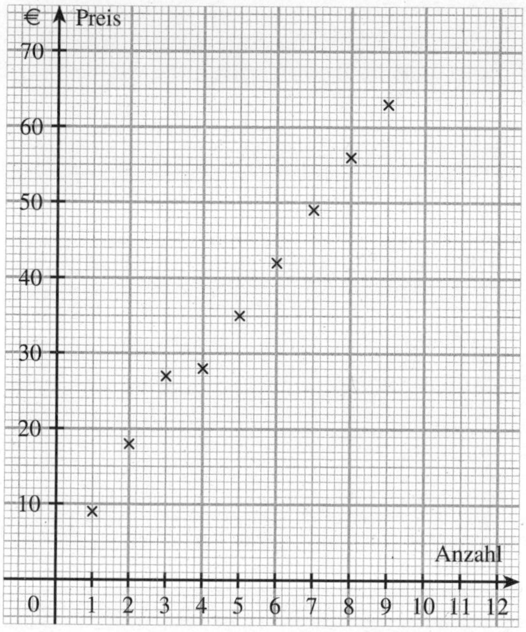

Anzahl der Sträucher	Preis in € (abgelesen)	Preis in € (berechnet)
1		
2		
3		
4		
5		
6		
7		
8		
9		

b) Ist es sinnvoll, die Punkte zu verbinden? Begründe.

Antwort: ______________________________

5. Frau Berger kauft beim Händler auf dem Markt Weintrauben. 1 kg Weintrauben kostet 3,50 €.

a) Wie viel Euro muss Frau Berger für 2,5 kg Weintrauben bezahlen? Lies den Preis aus dem Diagramm ab.

Antwort: ______________________________

b) Lies die weiteren Werte ab und fülle die Tabelle aus.

Gewicht (in kg)	Preis (in €)
0,5	
1,5	
3,0	
	7,00
1,2	

c) Ist es richtig, dass die einzelnen Punkte durch eine Gerade verbunden wurden?

Antwort: ______________________________

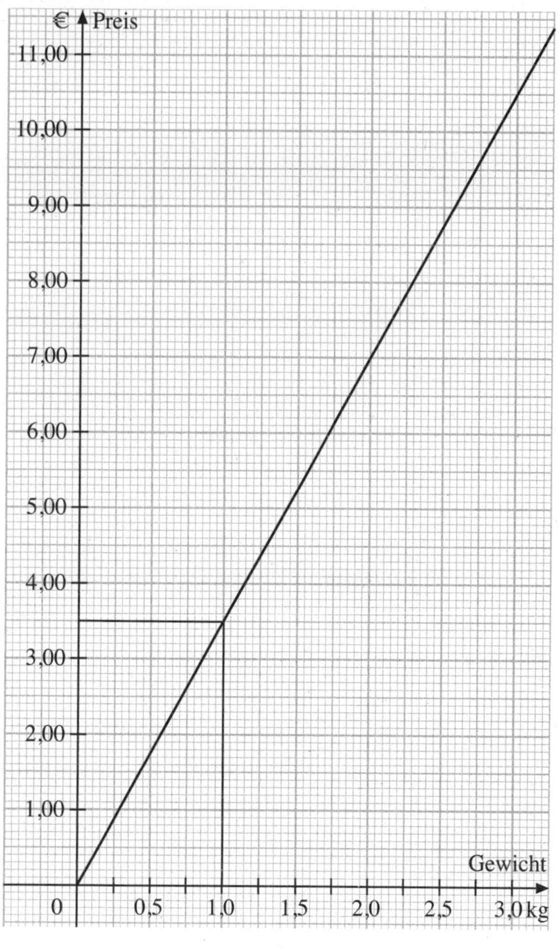

6. Zuordnungsdiagramme liefern häufig Informationen „auf einen Blick"; man kann ihnen aber auch viele Detailaussagen, d. h. Aussagen über einzelne Werte, entnehmen.

a) Schreibe zu jedem Diagramm auf, was du „auf einen Blick" siehst.

b) Notiere zu jedem Diagramm eine Einzelaussage.

c) Stelle zu jedem Diagramm eine Frage, die ein Mitschüler beantworten soll.

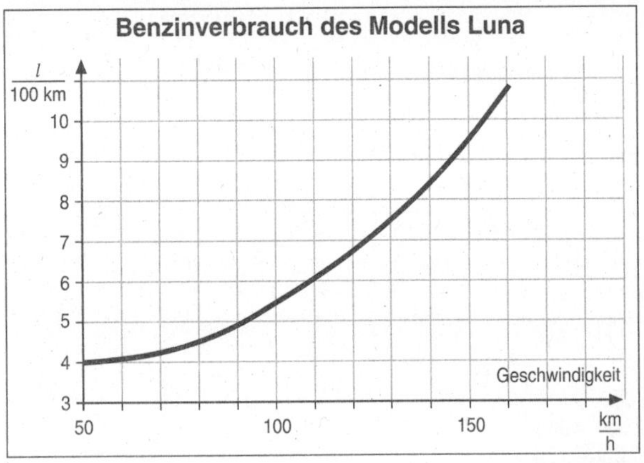

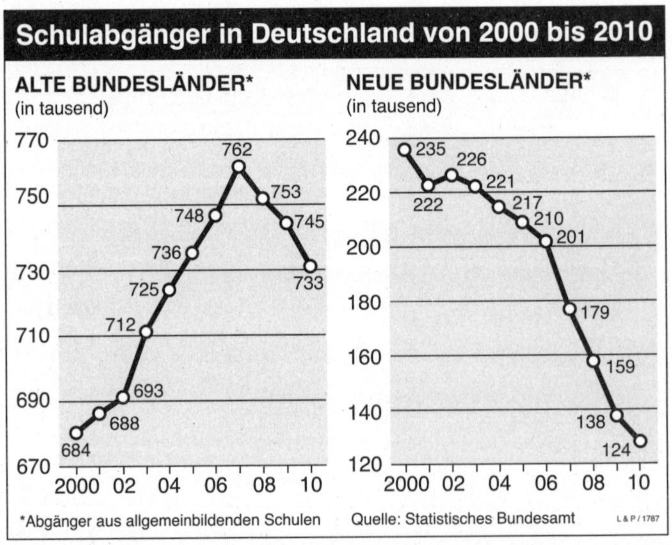

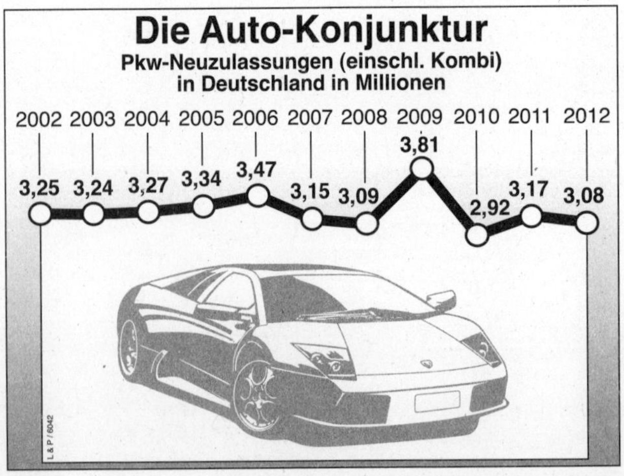

7.

Käse-Theke

Emmentaler 0,94 € / 100 g
Camembert 1,29 € / 100 g
Raclette 0,65 € / 100 g

Gewicht (in g)	Preis (in €)		
	Emmentaler	Camembert	Raclette
200			
300			
500			
700			

a) Fülle die Tabelle aus.

b) Welche Zuordnungen beschreibt die Tabelle?

____

____

c) Stelle die Zuordnungen im Koordinatensystem grafisch dar.

d) Woran erkennst du im Diagramm, dass Raclette am preisgünstigsten ist?

____

____

____

8. Der Tabelle kannst du die Entwicklung der Gesamtleistung der deutschen Windkraftanlagen entnehmen.

Jahr	Gesamtleistung in Gigawatt
1998	2,9
2000	6,1
2002	12,1
2004	16,6
2006	20,6
2008	24,1
2010	27,2
2012	31,3

a) Stelle die Entwicklung im Koordinatensystem grafisch dar.

b) Was siehst du „auf einen Blick"?

____

c) In welchem Zeitraum war die Zunahme der Leistung am größten? Wie groß war sie?

____

6. Daten und Zufall

Darstellen von Daten

1. Die Stadtbücherei hat die Ausleihgewohnheiten ihrer jungen Kunden untersucht. Am letzten Mittwoch wurden die folgenden Bücher ausgeliehen.

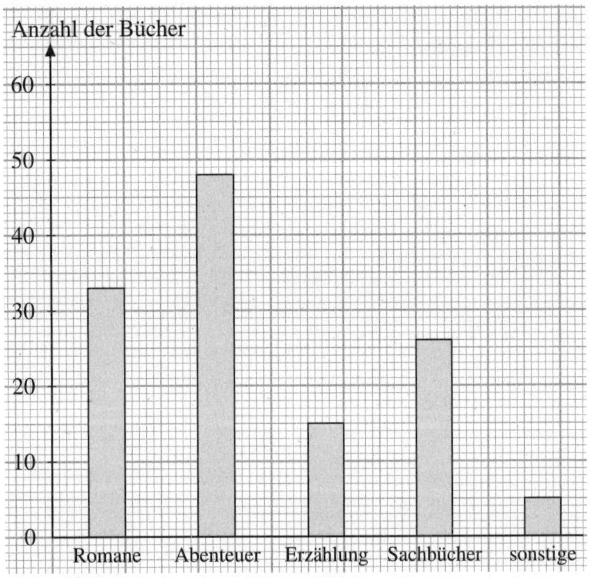

a) Fülle die Tabelle aus.

Art der Bücher	Anzahl der Bücher
Romane	______
Abenteuerliteratur	______
Erzählung	______
Sachbücher	______
sonstige	______

b) Wie viele Bücher wurden am letzten Mittwoch insgesamt ausgeliehen?

Antwort: ____

2. Die Klasse 6a mit 25 Schülern hat eine Mathematikarbeit geschrieben. Du siehst hier den Notenspiegel.
Stelle die Notenverteilung in einem Säulendiagramm dar.

Note	1	2	3	4	5	6
Anzahl	2	5	7	7	3	1

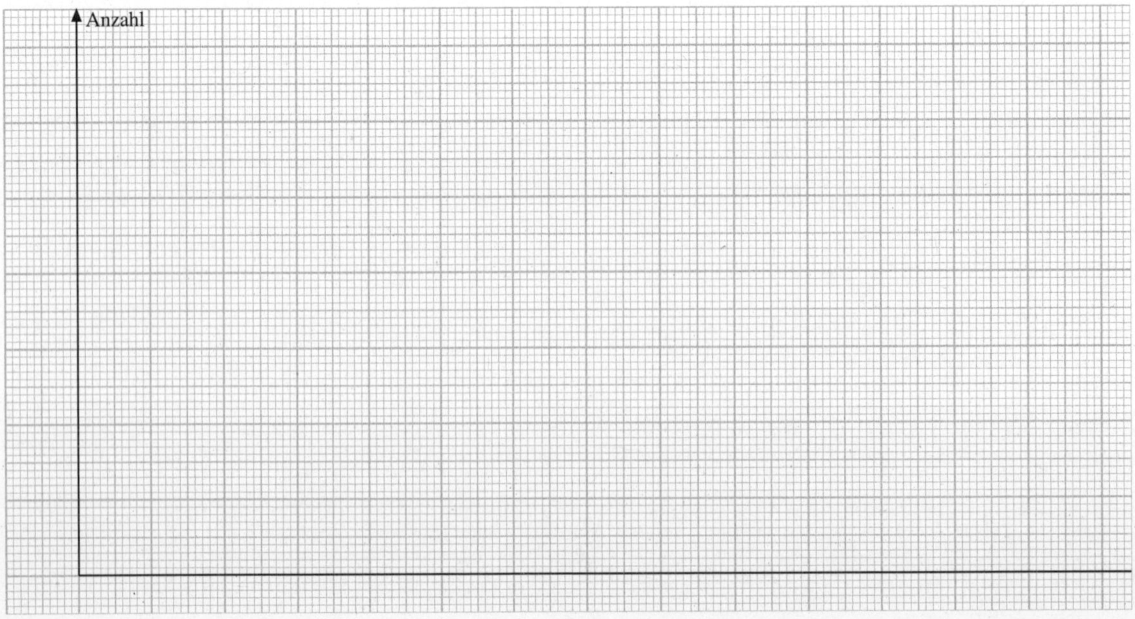

Absolute und relative Häufigkeit

1. Die Klasse 6c einer Darmstädter Schule wurde nach der Anzahl der Geschwister befragt. Die Anworten der Schüler lauteten:

1; 1; 0; 2; 6; 1; 3; 1; 0; 0; 2; 1; 1; 0; 4; 0; 1; 5; 1; 2; 0; 1; 2; 1; 2.

a) Trage die Angaben in die Strichliste ein.

Geschwisteranzahl	0	1	2	mehr als 2

b) Fülle die Häufigkeitstabelle aus. Berechne auch die Winkel für das Kreisdiagramm.

Geschwisteranzahl	absolute Häufigkeit	relative Häufigkeit	Winkel
0			
1			
2			
mehr als 2			
Summe			

c) Stelle die absoluten Häufigkeiten im Säulendiagramm dar.

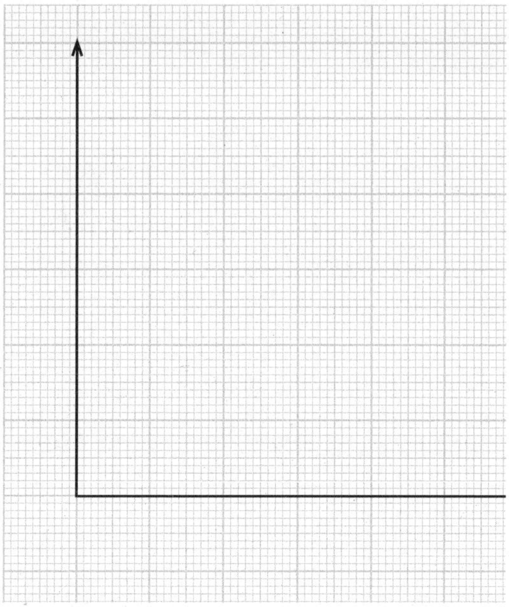

d) Stelle die relativen Häufigkeiten im Kreisdiagramm dar.

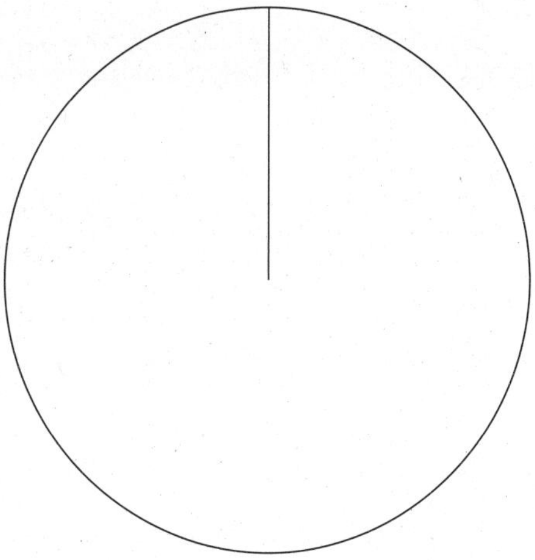

2. In einer Umfrage wurden 120 Schülerinnen und Schüler der Jahrgangsstufe 6 danach befragt, mit welchem Verkehrsmittel sie zur Schule kommen. Hier das Ergebnis:

Verkehrsmittel	zu Fuß	Fahrrad	Schulbus	Bahn	Auto
relative Häufigkeit	$\frac{5}{24}$	$\frac{1}{4}$	$\frac{3}{8}$	$\frac{1}{12}$	
absolute Häufigkeit					

a) Vervollständige die Tabelle.

b) Was gibt in diesem Beispiel die relative Häufigkeit, was die absolute Häufigkeit an?

____

c) Stelle die absolute Häufigkeit in einem Säulendiagramm und die relative Häufigkeit in einem Kreisdiagramm dar.

Säulendiagramm

Kreisdiagramm

Arithmetisches Mittel, Median und Spannweite

1. Mit dem Echolot wird die Meerestiefe gemessen. Dazu werden Schallwellen ausgesendet, vom Meeresboden reflektiert und wieder empfangen. Am gleichen Ort durchgeführte Messungen ergaben folgende Wassertiefen (in m):

1225,8 1226,2 1225,4 1225,0
1226,3 866,4 1226,8

a) Bestimme den Median (Zentralwert) und das arithmetische Mittel.

Median: ____________ arithmetisches Mittel: ____________

b) Erkläre, welchen Einfluss die offensichtlich falsche Messung auf die beiden Mittelwerte hat.

Antwort: ____

c) Bestimme die Spannweite. Berücksichtige den „Ausreißer“ dabei nicht.

Spannweite: ____________

2. Die Mädchen der Klasse 6 zählen im Sportunterricht die "Sit-ups" in 90 s.

28 62 34 42 42 68 72 54 46 18 90 50 18 17 62 45 30 79 22 55

a) Gib das arithmetische Mittel, den Median (Zentralwert) und die Spannweite an.

arithmetisches Mittel: __________ Median: __________ Spannweite: __________

b) Ergänze die Tabelle.

Anzahl „Sit-ups"	0–20	21–40	41–60	61–80	> 80
absolute Häufigkeit					
relative Häufigkeit					
Anteil (in %)					

c) Stelle den Sachverhalt in einem Säulendiagramm und einem Kreisdiagramm dar.

3. Dem Diagramm kannst du entnehmen, wie sich die Weltbevölkerung auf die einzelnen Kontinente verteilt (Stand September 2012).

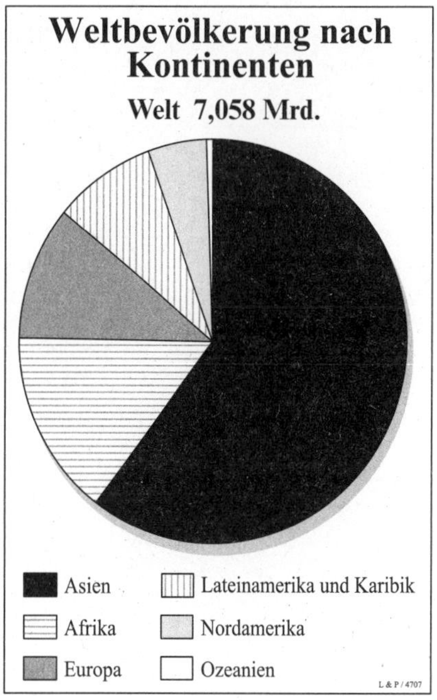

a) Stelle den Sachverhalt in einem Streifendiagramm dar.

b) Ergänze die Tabelle.

Welt	Asien	Europa				
7,058 Mrd.						

4. Das ist der Notenspiegel der Klasse 6b vom letzten Englischtest.

1	2	3	4	5	6	Durch-schnitt
III	卌	卌 III	卌 II	II	I	

Berechne den Durchschnitt (das arithmetische Mittel) des Tests.

5. Von allen deutschen Landschaften hat der Oberrheingraben das mildeste Klima. Ganz anders ist es auf den Höhen des Schwarzwaldes.

a) Berechne das arithmetische Mittel (Jahresdurchschnitt) von Temperaturen und Niederschlägen von Freiburg und dem Feldberg im Schwarzwald.

b) Vergleiche die Jahresdurchschnittstemperaturen von Freiburg und dem Feldberg.

c) Vergleiche auch die Spannweiten.

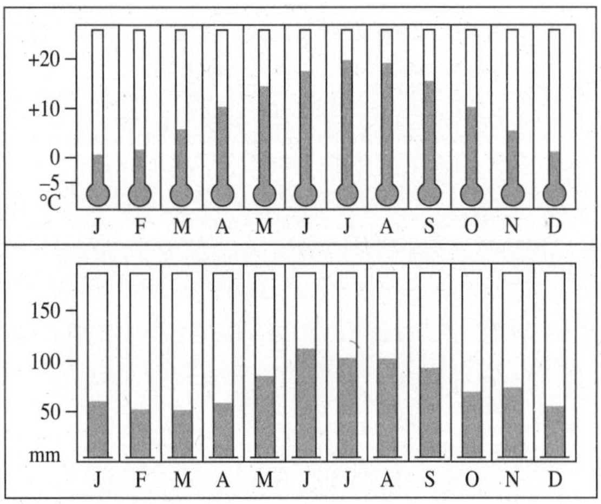

Temperaturen (oben) und Niederschläge in Freiburg (269 m über NN)

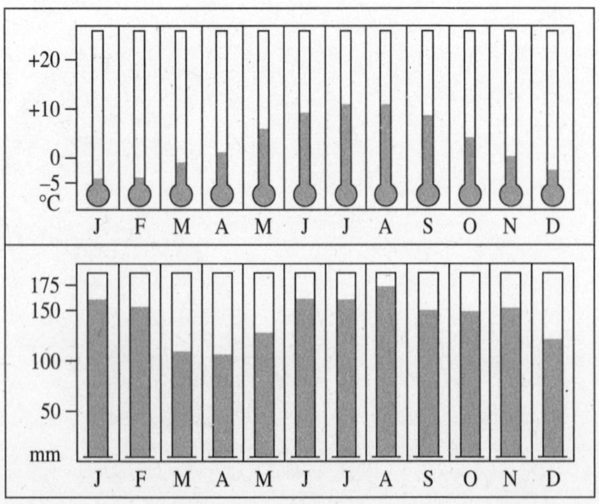

Temperaturen und Niederschläge auf dem Feldberg (Schwarzwald, 1 493 m über NN)

Rechnung und Vergleich:

Zufallsexperimente – Häufigkeit und Wahrscheinlichkeit

Schummelwürfel (Partnerarbeit)

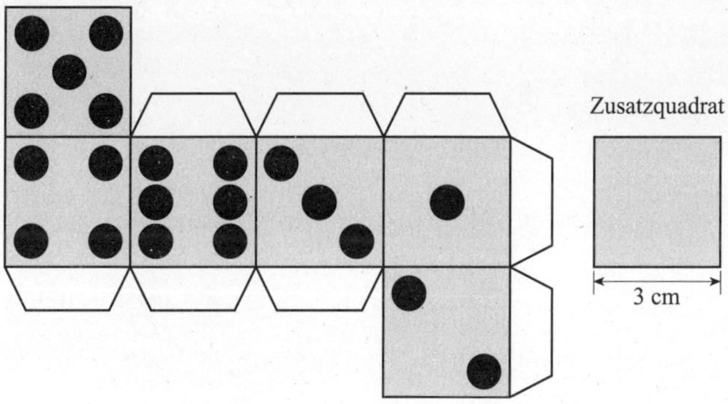

Baue entsprechend des Bauplanes einen Schummelwürfel. Vergiss nicht, das Zusatzquadrat auf eine beliebige Innenfläche zu kleben. Tausche den Würfel mit einem Partner. Würfle nun mit dem Schummelwürfel deines Partners 100-mal und trage die gewürfelte Augenzahl in die Strichliste ein.

Augenzahl	1	2	3	4	5	6
absolute Häufigkeit						
relative Häufigkeit ≈ Wahrscheinlichkeit						

Zeichne ein Säulendiagramm.

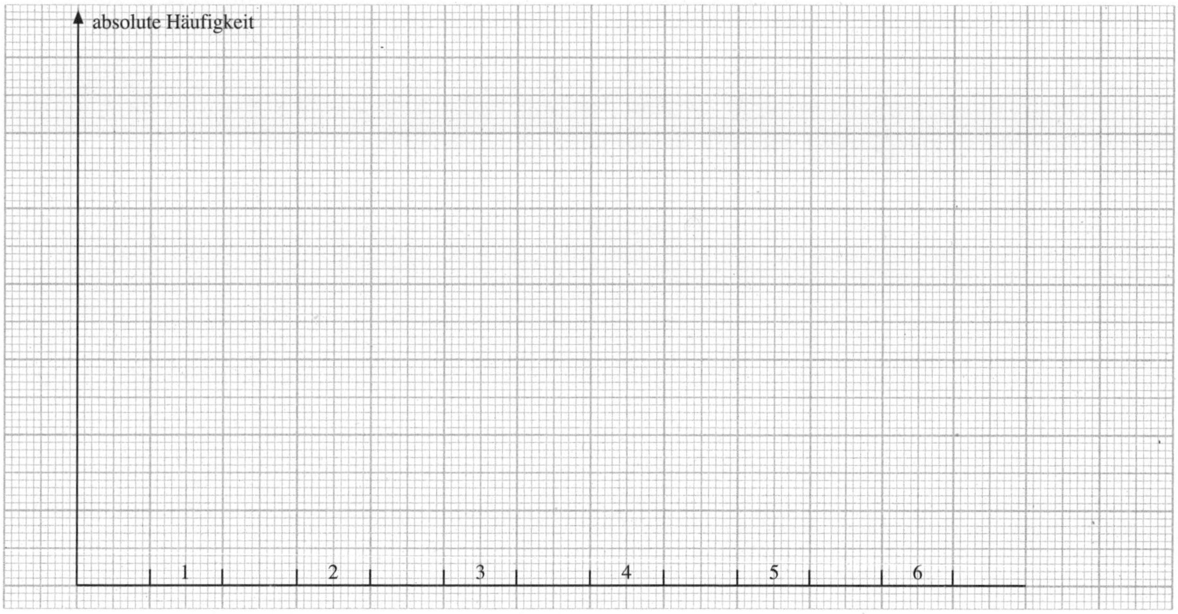

Auf welche Fläche hat dein Partner das Zusatzquadrat geklebt? Begründe.

Antwort: ______________________________

Vergleiche die Wahrscheinlichkeiten mit denen eines üblichen Würfels.

Antwort: ______________________________

Bist du topfit? I

1. Ein Hochhaus hat 17 Stockwerke. Im Erdgeschoss befinden sich 5 Geschäfte mit einer Gesamtverkaufsfläche von 180 m^2. Das Computerfachgeschäft beansprucht $\frac{2}{5}$ der Gesamtverkaufsfläche.
Das Erdgeschoss ist 3,40 m hoch. Die übrigen Stockwerke sind jeweils 2,60 m hoch.
Welcher Satz trifft zu? Kreuze an und begründe.

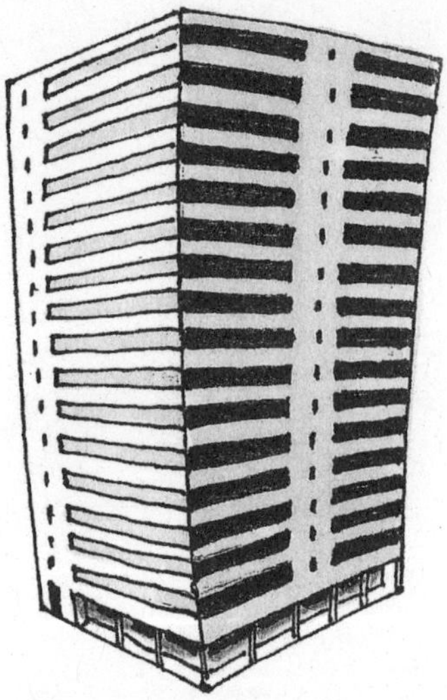

A

Unterstreiche im Text alle zugehörigen Informationen rot.

- ☐ Das Hochhaus hat eine Höhe von 44,20 m.
- ☐ Die obersten fünf Stockwerke haben eine Gesamthöhe von 13,80 m.
- ☐ Das Hochhaus ist 45,00 m hoch.
- ☐ Das Hochhaus ist 47,60 m hoch.
- ☐ Die ersten 10 Stockwerke reichen bis zu einer Höhe von 26,80 m.

B

Unterstreiche im Text alle zugehörigen Informationen grün.

- ☐ Das Computerfachgeschäft beansprucht 40 % der Gesamtverkaufsfläche.
- ☐ Das Computerfachgeschäft hat eine Verkaufsfläche von 60 m^2.
- ☐ Die übrigen Geschäfte haben zusammen eine Verkaufsfläche von 120 m^2.
- ☐ Das Computerfachgeschäft beansprucht 72 m^2.
- ☐ Das Computerfachgeschäft beansprucht eine Verkaufsfläche von 450 m^2.

Begründungen zu A:

Begründungen zu B:

Bist du topfit? II

Von den jeweils 5 Antworten ist genau eine richtig. Kreuze an.

1. Ein Drittel vom Vierfachen von 9 beträgt:

☐ 9 ☐ 10 ☐ 36 ☐ 6 ☐ 12

2. 51,91 + 671,3 – 8,04 =

☐ 671,95 ☐ 70,33 ☐ 731,25 ☐ 739,39 ☐ 715,17

3. Eine Holzkiste mit Äpfeln wiegt 13 kg. Wenn die Hälfte der Äpfel verkauft ist, wiegt die Kiste nur noch 7 kg. Wie viel wiegt die leere Kiste?

☐ 1 kg ☐ 500 g ☐ 6 kg ☐ 2000 g ☐ 700 g

4. Welcher Winkel ist stumpf?

☐ 100° ☐ 89° ☐ 185° ☐ 300° ☐ 17°

5. Sarah hat umgerechnet:

☐ $3\,l = 30\text{ dm}^3$ ☐ $400\text{ cm}^3 = 4\,l$ ☐ $\frac{4}{5}\,l = 800\text{ cm}^3$ ☐ $3{,}17\text{ m}^3 = 317\text{ dm}^3$ ☐ $600\text{ mm}^3 = 6\text{ cm}^3$

6. Der Oberflächeninhalt des Körpers aus Zentimeterwürfeln beträgt:

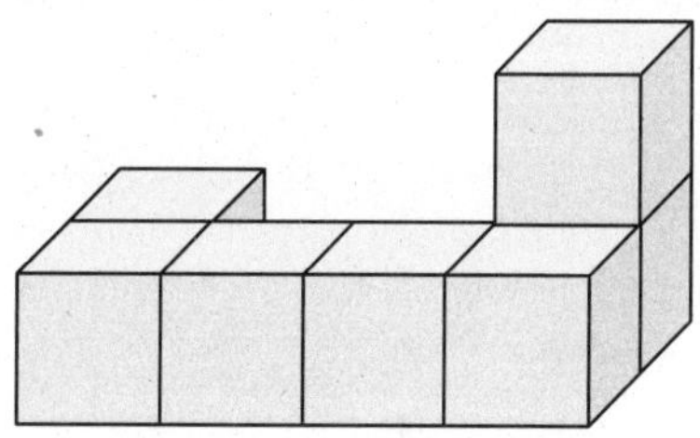

☐ 28 cm^2 ☐ 30 cm^2 ☐ 42 cm^2 ☐ 29 cm^2 ☐ 32 cm^2

7. Welche Figur ist nicht symmetrisch?

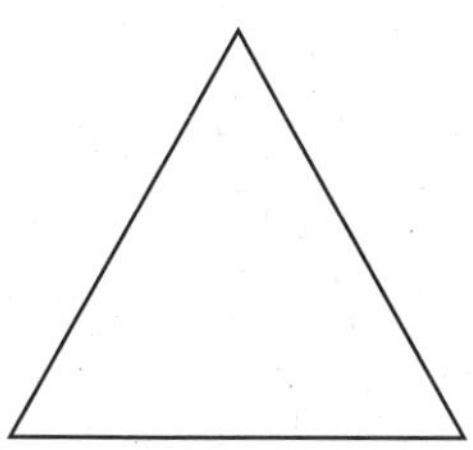 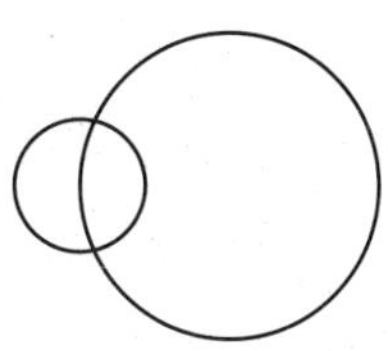 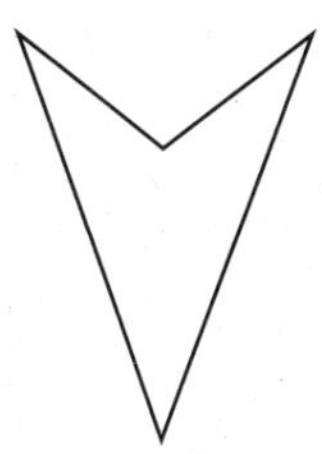 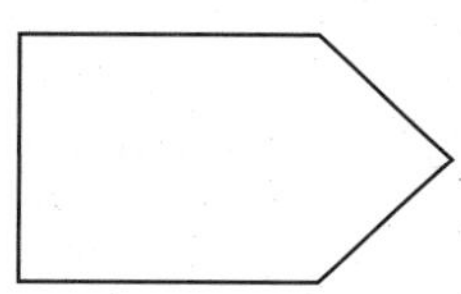 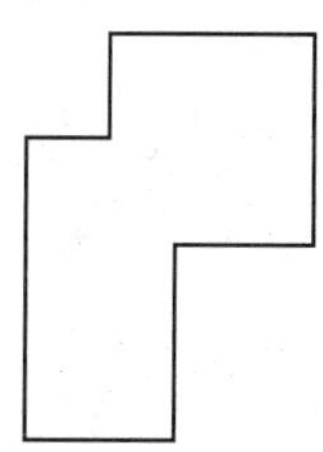

☐ ☐ ☐ ☐ ☐

Bist du topfit? III

1. 15 ist ein ______________________ Teiler von 45 und 75.

2. Zwei Geraden, die sich nie schneiden, heißen

______________________________.

zu 4.

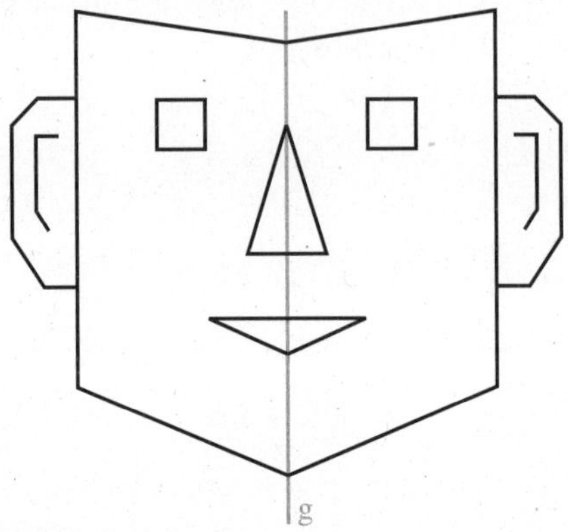

3. Für ein Hundertstel sagen wir auch

______________________________.

4. Die Spiegelgerade g (Abb. rechts) nennt man auch

______________________________.

5. Eine Figur mit drei Seiten heißt ______________.

6. Zähler und Nenner werden durch den ______________________________ getrennt.

7. Bilden zwei Geraden einen Winkel von 90°, so sind sie

________________________ zueinander.

8. Daten lassen sich anschaulich darstellen in einem

______________________________.

9. Verdoppelt man den Radius eines Kreises, so erhält man den ______________.

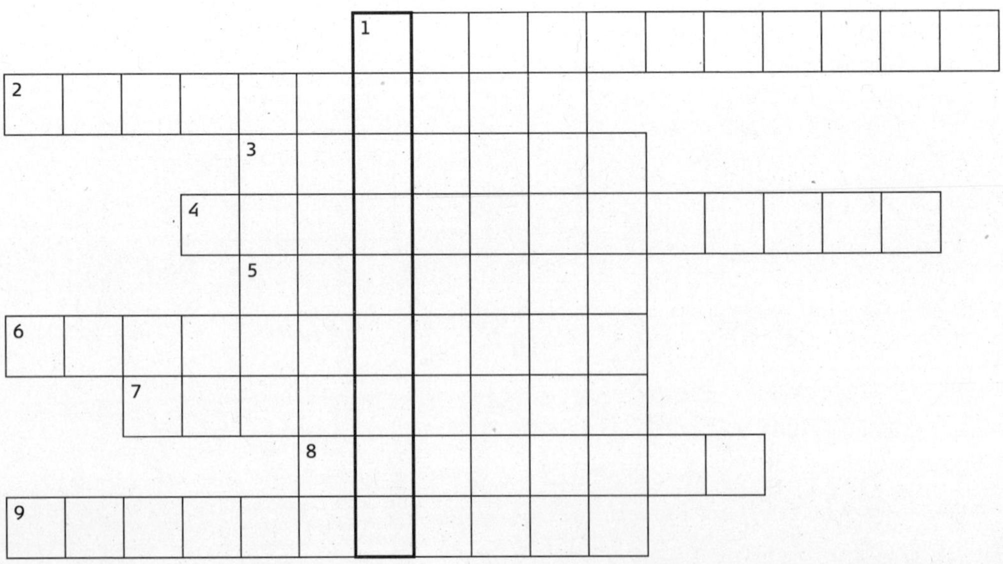

Lösungswort: ____